U0210664

火山活动背景下断陷湖盆
优质储层形成机制

——以海拉尔盆地贝尔凹陷为例

王雅宁　鲍志东　彭仕宓　著

科学出版社

北　京

内 容 简 介

本书以海拉尔盆地贝尔凹陷为例，关注于断陷形成早期所沉积填充的富含火山物质的碎屑岩储层，探讨该类储层的成因机制和发育规律。全书共分三大部分：第一部分为第1～3章，介绍储层形成的基本地质问题，包括层序地层与断陷湖盆充填、储层砂体类型及分布样式、火山活动的沉积响应；第二部分为第4～5章，重点探讨储层成因机制，包括富含火山物质储层岩石学特征、储层微观特征与成岩特点、多因素复合影响下的优质储层发育模式；第三部分为第6～7章，介绍优质储层的识别方法，重点对优质储层解释模型和有利储层评价与分布进行了说明。

本书理论与实践相结合，资料翔实，可供从事油气勘探的科研工作者及高等院校相关专业师生参考。

图书在版编目(CIP)数据

火山活动背景下断陷湖盆优质储层形成机制：以海拉尔盆地贝尔凹陷为例/王雅宁，鲍志东，彭仕宓著. —北京：科学出版社，2017.1
ISBN 978-7-03-051375-5

Ⅰ.①火… Ⅱ.①王… ②鲍… ③彭… Ⅲ.①海拉尔盆地—火山作用—油气藏—储集层—形成机制—研究 Ⅳ.①P618.130.2

中国版本图书馆 CIP 数据核字(2016)第 314198 号

责任编辑：闫 陶 何 念/责任校对：董艳辉
责任印制：彭 超/封面设计：苏 波

科 学 出 版 社 出版
北京东黄城根北街 16 号
邮政编码：100717
http://www.sciencep.com

武汉中远印务有限公司印刷
科学出版社发行 各地新华书店经销
*

开本：787×1092 1/16
2017 年 1 月第 一 版 印张：12 1/2
2017 年 1 月第一次印刷 字数：293 000

定价：98.00 元
(如有印装质量问题，我社负责调换)

前　　言

随着石油与天然气勘探、开发的发展，人们对于油气储层的探索已不再局限于较为常规的沉积岩的领域。大家越发地感觉到，火山活动与油气储层的形成似乎存在着千丝万缕的联系。当前，与火山活动相关的储层研究也日益成为油气勘探的热点，其主要表现为两大类型：火山活动直接形成的火山岩储层和火山活动影响的碎屑岩储层。近年来，许多学者在上述研究热点、难点领域进行大量工作，尤其在前者的研究方面取得了不少具有特点和亮点的研究成果。应该看到，同样受火山活动影响的富含火山物质的碎屑岩广泛形成于断陷湖盆的早期沉积充填过程中，如我国二连盆地、银额盆地中均发育大量富含火山物质的储层，应该引起大家的关注和重视。

海拉尔盆地是大庆油田油气资源的重点战略接替领域，该盆地整体面积大，具有良好的成藏地质条件，同时该区基础地质资料翔实、丰富，是研究火山活动背景下优质储层发育机制不可多得的实例地区。

本书以海拉尔盆地贝尔凹陷为具体实例，围绕"储层"这一核心问题，展开三个层次的论述。第一部分为储层物质基础研究，重点探讨储层形成的沉积地层发育特征，包括分析关键级层序界面，建立不同火山活动阶段，构造活动控制下的多种与湖盆沉降作用耦合的层序地层充填样式及主控因素，开展沉积砂体展布和演变研究，构建不同类型构造坡折带-砂体响应模式；第二部分为储层特征解剖，核心是探讨优质储层成因机制，具体表现在明确富含火山物质的碎屑岩储层储集空间类型及微观孔隙结构特征和成岩作用类型的基础上，重点分析火山活动所提供易溶蚀物质，对储层储集性能的影响，并划分成岩储集相，建立火山活动背景下多因素复合影响下的优质储层发育模式；第三部分为储层识别与油藏解剖，探索富含火山物质碎屑岩储层参数模型解释，落脚于优质储层的油气地质特征，以突出本书的应用性和操作性。

在笔者完成书稿的过程中，得到了诸多石油勘探行业的学者、专家以及学生的热情帮助和通力合作。衷心感谢中国石油勘探开发研究院宋新民副院长及海塔研究中心李莉主任、肖毓祥副主任、侯秀林博士后、陈建阳博士、张文旗博士等领导专家给予的热心的指导与帮助,提出了许多建设性意见。

同时感谢中国石油大学(北京)蒋盘良老师、宋刚老师、封从军博士、梅俊伟博士、李小瑞硕士、汪莹硕士、杜宜静硕士、罗小玉硕士等给予的指导和帮助。

最后要感谢长江大学地球科学学院张尚锋教授、张昌民教授、王振奇教授、尹太举教授、李少华教授、戴胜群副教授、尹艳树教授等,是他们带我走进地质的大门,开始享受探索地球未知神秘的乐趣。

作为一名年轻的地质工作者,在撰写第一部专业著作时,心中不免忐忑,由于自己才疏学浅,书中存在着若干不够完善的地方,恳请读者给予批评指正,亦可互相交流学习。

祝祖国石油工业再攀高峰。

作　者

2016 年 2 月

目　　录

第一篇　储层物质基础

第二篇 储层特征解剖

第三篇　储层识别与油藏解剖

第一篇 储层物质基础

第 *1* 章 概　　述

随着石油与天然气勘探、开发的发展,人们对于油气储层的探索已不再局限于较为常规的沉积岩的领域。当前,与火山活动相关的储层研究日益成为油气勘探的热点,同时也是该领域的研究难点。近年来,许多学者在上述研究热点、难点领域进行了大量工作,但成果主要集中于火山活动直接形成的火山岩储层方面。然而,在我国多个盆地,如海拉尔盆地、二连盆地、银额盆地中均发育大量火山活动背景下形成的碎屑岩储层,对于该类储层的研究成果缺乏有机的结合,尤其是没有将优质储层形成机制研究置于火山活动背景下层序发育模式、构造-砂体响应、火山活动沉积响应、火山活动所提供易溶组分以及火山活动背景下成岩储集相的系统研究中,从而掩盖了该类储层储集性能的部分成因信息。

1.1　断陷湖盆与火山活动

一直以来,中国东部中新生代陆相沉积盆地都是我国油气勘探、开发的主战场。在此先后诞生了大庆油田、胜利油田、辽河油田、渤海油田等特大型油气田。上述多个盆地在其构造沉降演化历史上表现出明显的阶段性:早期断陷阶段、中期拗陷阶段和晚期萎缩消亡阶段,尤其是早期的断陷湖盆,由于砂体发育且类型丰富,是石油地质工作者常年需要重点关注的。

关于断陷湖盆成因机制,地质学家做了大量探讨,目前,最重要的观点是热沉降作用,即由于地幔深部物质上涌,在大陆岩石圈之下形成热点,大陆岩石圈受热被拉张变薄。随着均衡上隆,在地壳上部足以产生断裂的裂陷盆地,从而导致盆地的沉降和物质的沉积,形成断陷盆地(图1.1)。

中国东部中新生代陆相盆地分布在西太平洋岛弧后面,为典型的弧后盆地,与西太平洋俯冲带具有明显的成因联系,使得大多数断陷盆地成盆期均伴随有火山活动,热流

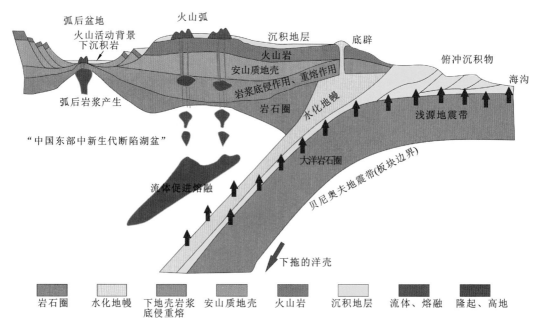

图 1.1　中国东部中新生代断陷湖盆成因机制

值和地温梯度均较高,这便为油气的形成、运移带来有利条件。

值得关注的是,在断陷湖盆的早期沉积充填中,势必深受火山活动影响,沉积物中富含火山物质。因此,对于该类碎屑岩储层的研究,火山活动是不可回避的话题。

1.2　国内外研究现状

1.2.1　断陷湖盆层序地层学研究

层序地层学自发展起来出现的模式、方法和理论概念体系主要包括:①埃克森(Exxon)公司 Vail 等(1977)的沉积层序地层模式;②成因层序地层模式;③海侵-海退(T-R)模式;④地层基准面旋回法(高分辨率层序地层学)模式;⑤强制性海(湖)退模式;⑥风暴波基面模式。上述层序地层学理论和方法已经逐渐应用到陆相湖盆各种沉积背景的湖盆体系中,其中,尤其以 Vail 等的沉积层序地层模式和高分辨率层序地层学模式应用最为广泛。Jackson 等(2005)和 Gawthorpe 等(2003)通过对红海裂谷系的苏伊士(Suez)裂谷渐新统到中新统 Hammam Faraun 断块的研究,总结出了一套断陷湖盆从初始裂陷阶段到主裂陷阶段断层演化与裂谷层序演化的关系。国内学者在陆相断陷湖盆层序地层研究中取得了丰硕的研究成果。魏魁生等(1993)通过研究华北箕状断陷盆地,建立了断陷湖盆层序地层模式,并建立了沾化凹陷高分辨率层序地层模式。顾家裕(1995)分别针对陡坡和缓坡,建立了断陷盆地层序地层学模式。纪友亮(1996)在总结我国东部陆相断陷湖盆层序地层学演化的基础上,提出了断陷湖盆体系域类型及其形成机制。冯有良(1999)对东营凹陷古近系进行了层序型式、盆地充填模式和体系域构成的研究,提出该凹陷三个构造幕发育的三种不同成因的三级层序型式。冯有良等(2000)重点对陆相断陷盆地层序形成动力学进行了总结。任建业等(2004)通过对由调节带和断阶带构成的陡坡和发育断阶带的缓坡构成的地堑-半地堑湖盆综合研究,提出了一套多因素控制的层序发育模式。胡宗全(2004)认为断陷盆地同沉积构造影响新增可容纳空间的分布,因而控制层序地层的发育。邓宏文等(2008)认为断陷盆地层序地层主要受构造运动控制,具体表现在:基底升降制约可容纳空间的变化;构造调节带控制物源补给方向;古地貌控制砂体分布特征。张弛等(2012)和赵贤正等(2012)分别对不同地区断陷盆地的层序地层及充填特征做了研究,丰富了断陷湖盆层序地层理论。

1.2.2　断陷湖盆控砂因素研究

在陆相断陷盆地砂体发育规律研究中,构造坡折带一直是国内研究的热点领域。林畅松等(2000)提出"构造坡折带"的概念,是指由同沉积构造长期活动引起的沉积斜坡明显突变的地带。构造坡折带对湖盆可容纳空间和沉积作用可产生重要的影响,控制了湖盆砂体的空间分布。邓宏文等(2001)指出陆相盆地中古地貌对水系的控制作用主要体现在:古凸起对水系分布起着分隔、阻挡作用;古山口、侵蚀沟谷及古河道等决定着物源的搬运通道与沉积区域;古断层、古斜坡及坡折带决定着沉积卸载场所。陈发景等(2004)提出主物源体系一般分布在横向调节带控制的地势低和河流入盆的地方。何治亮(2004)的研究表明:在断陷盆地中,规模较大的同沉积断裂系常构成不同类型的断裂坡折样式,如梳状、帚状和叉状等。冯有良等(2006)对渤海湾盆地古近系断陷湖盆古地貌和砂体发育关系进行了研究,认为盆缘发育的断槽、断裂调节带和下切河谷共同控制了砂、砾岩扇体发育的位置,而同沉积构造坡折带控制了砂、砾岩体在湖盆内的展布。高先志等(2007)在对兴隆台地区强烈断陷期深水浊流沉积的研究中指出了断裂活动是导致断陷湖盆湖水升降和发生浊流沉积的主控因素。祁利祺等(2009)针对准噶尔盆地西北缘相邻断裂带之间的变换带对沉积控制作用进行了研究,认为相对于断裂带主体,变换带部位发育更加丰富的沉积类型,砂体更加富集,更易形成规模巨大的优质储集层。林畅松等(2010)开展了构造活动盆地沉积层序的形成过程的动态模拟,揭示出断陷湖盆陡坡边缘断裂形成的古地貌坡折不仅控制了低水位域浊积扇或湖底扇的发育部位,对水进或高位域的三角洲前缘的分布同样存在控制作用。王显东等(2011)在对塔木察格盆地塔南凹陷陡坡带沉积相研究的过程中总结出"沟谷控源,断坡控砂"的成盆特点。

1.2.3　富含火山物质储层特征研究

对于成岩演化程度较高的储层,与溶蚀作用有关的次生孔隙往往决定着储层最终能否成藏,因此,对其成因机制及分布规律的研究已成为沉积学和储层地质学的一个极为重要内容。郑浚茂等(1997)认为煤系地层中酸性水介质对砂岩成分存在影响,使得其碳酸盐胶结物含量低、硅质胶结物含量高、黏土矿物中高岭石发育,深埋后大量有机酸形成致使石英大量增生。寿建峰等(2003,2001,1999)认为对于砂岩而言,其成岩作用是在盆地演化过程中在内外动力地质作用下,岩石与热流、流体和构造活动的综合作用的产物,进而总结了受构造应力控制的成岩模式。王建伟等(2005)分析了鄂尔多斯盆地西北部二叠系砂岩填隙物的成分和成岩演化,指出该地区砂岩中的填隙物主要为凝灰质填隙物,并研究了开放性和封闭性两种不同水环境下,凝灰质填隙物的不同成岩演化作用特征,为富含火山物质的碎屑岩储层成岩作用研究提供了重要理论支撑。杨华等(2007)对于鄂尔多斯盆地上古生界储层次生孔隙成因进行了分析,指出砂岩中火山物质为次生孔隙的形成提供了溶蚀母质,进而使储集体表现出强烈的非均质性。王宏语等(2010)在对苏德尔特地区兴安岭群凝灰质砂岩储层的研究中发现,多样来源的碎屑颗粒,对砂岩孔隙结构及储集性能的影响均表现出差异性,而不同埋藏阶段与成岩环境中,凝灰质的蚀变存在较大差异。韩登林等(2010)总结了三角洲沉积中层序界面附近的成岩反应规律,提出了层序界面对于成岩反应的三个制约因素:①由湖平面下降引发的大气淡水对储层的充注和淋滤作用;②相对较长的沉积驻留时间使得层序界面以下储层碳酸盐胶结物含量相对增加;③由于可容空间的下降,大量细粒沉积物被冲刷侵蚀,并充填渗滤进入下部地层,从而造成层序界面之下泥质杂基含量增加。

1.2.4　海拉尔盆地研究现状

近年来,众多学者开始关注海拉尔盆地及塔木察格盆地层序地层及沉积储层特征,并各自提出了相关认识:黄有泉等(2006)针对贝尔凹陷呼和诺仁油田和苏德尔特油田主要油组进行了划分和对比,总结出"断陷控制,多面对比,不同断块,区别对待"的断陷盆地地层的对比方法。渠永宏等(2006)重点利用高分辨率层序地层的地质成因-沉积响应分析方法,解析了苏德尔特油田基准面对砂岩厚度、砂体平面分布和物性变化的控制。雷燕平等(2008,2007)对贝尔凹陷下白垩统进行划分和对比,指出贝西次凹中部洼陷带、贝西次凹西侧的反向同沉积断裂或古斜坡坡折的下斜坡带以及贝南次凹是后期勘探的有利目标区。李军辉等(2009)就贝尔凹陷贝西斜坡南屯组层序特征进行了探讨,对不同类型层序格架内的沉积特征和层序地层模式进行了总结,并建立了相应的油气成藏模式。张增政(2010)以海拉尔盆地苏 31 块南屯组二段为例,以沉积动力学观点分析了沉积特征随各级基准面旋回演化的规律。纪友亮等(2009a,2009b)和单敬福等(2010a,2010b)重点解剖了蒙古国境内塔木察格盆地层序结构特征及沉积充填演化与同沉积断裂的响应,阐述了多种与构造活动相关的层序成因类型及模式。蒙启安等(2010)通过研究认为,贝尔凹陷南屯组储层以砂岩为主,其次为火山碎屑岩。储层的孔隙类型主要为次生孔隙,属中低孔、特低渗型储层。贝尔凹陷发育两个异常高孔隙带,储层孔隙度主要受储层岩石类型、沉积相和成岩作用控制。杨婷等(2011)应用沉积学和层序地层学的原理和方法,利用地震、钻井和岩心等资料,结合盆地区域构造演化特征,建立了海拉尔盆地贝尔凹陷贝西地区南屯组层序地层格架,将南屯组划分为1个超层序、4个三级层序、11个体系域。在层序格架内共识别出扇三角洲、辫状河三角洲、湖底扇、湖泊4种主要沉积相类型及8种亚相类型。秦雁群等(2011a,2011b)对乌尔逊凹陷下白垩统进行了层序地层研究,认为其层序形成及沉积充填具有阶段性,与构造演化相对应。可以说不同学者、专家所建立的层序发育模式很有特色,且具有很重要的指导意义,但仍相对缺乏海塔盆地区域上的统一认识,针对贝中地区的层序地层分析很少见。

1.3　研究实例区概况

海拉尔盆地是大庆油田油气资源的重点战略接替领域,该盆地整体面积大,具有良好的成藏地质条件,同时该区基础地质资料翔实、丰富,是研究火山活动背景下优质储层发育机制不可多得的实例地区。

贝尔凹陷位于海拉尔盆地中央断裂带南部,呈北东向展布(图1.2),其构造格局复杂,呈现"五凹五隆、凹隆相间"的构造格局。贝尔凹陷目前发现的油气田有4个,主要包括苏德尔特油田、霍多莫尔油田、呼和诺仁油田和贝中油田,油气藏类型主要为构造油气藏、断块油气藏和少量岩性油气藏。

贝中油田位于贝尔凹陷南部,为本书重点解剖对象,该地区断裂系统发育,断块小,地层倾角大,总体上呈中间低、四周高的构造形态,开发区块由多个断阶组成。目前贝中油田主要为3个重点开发区块,分别为希3区块、希2区块和希13区块(图1.2),其目的层段主要为下白垩统南屯组,其沉积时期沉积类型多样,具备多物源、多期次、相变快的特点,导致各断块内部及断块之间地层厚度变化剧烈,而且由于风化剥蚀、地层超覆、断层断失等原因,导致地层缺失严重,地层对比工作难度较大。同沉积断层对砂体的控制作用和后期断层的切割作用、沉积相带变化对储层物性的分布规律的影响作用以及成岩作用对凝灰质砂岩储层孔隙成因的影响,导致研究目的有效储层的分布规律难度较大。本书以海拉尔盆地贝尔凹陷为具体实例,探讨优质储层成因机制,对中国和蒙古国中生代裂谷系盆地进行勘探开发积累经验、提供科学依据,以期推进火山活动背景下断陷盆地层序地层沉积充填样式研究和优质储层发育机制的研究。

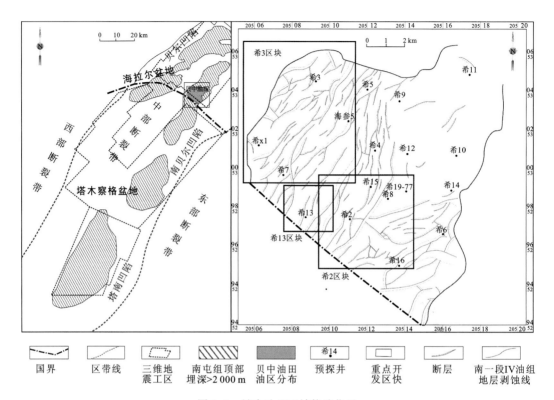

图 1.2　贝中油田区域构造位置

第2章 断陷湖盆层序地层模式与控制因素

本章首先建立起贝尔凹陷-南贝尔凹陷-塔南凹陷三级层序(长期)格架,以此为基础,开展贝中油田高分辨率层序地层研究。

2.1 贝尔凹陷-塔南凹陷三级层序地层格架

2.1.1 原地层划分对比方案及存在的问题

贝尔凹陷主要发育早(铜钵庙组沉积末期以前)、中(铜钵庙沉积末期至南屯组沉积末期)、晚(南屯组沉积末期之后)三期复杂的断裂系统,构造运动强烈,发育多套不整合接触,地层剥蚀、超覆现象明显。同时受多物源、不同沉积相带的控制,使得地层厚度、地层倾角差异大。复杂的地质条件使得海塔盆地区域地层划分对比历来争议较大,主要存在以下问题。

(1)自20世纪80年代初海拉尔盆地油气勘探以来,截至2010年,仅大庆油田勘探开发研究院的分层方案至少有9个版本。

(2)贝尔凹陷与邻近的塔南凹陷-南贝尔凹陷对比方案不统一。

(3)贝尔凹陷内部苏德尔特油田、霍多莫尔油田、呼和诺仁油田及贝中油田内部层组划分不统一,主力油层段归属存在争议。

(4)贝中油田目前小层划分方案中,未识别出铜钵庙组,南屯组一段(简称南一段)内部存在的不整合面未予以重视。

2.1.2　层序地层划分方案

　　本次研究充分消化、吸收现存多套地层划分对比方案,以陆相层序地层学理论为指导,结合沉积旋回特征,建立地层对比骨架剖面,完成塔南凹陷-南贝尔凹陷-贝尔凹陷(贝中、苏德尔特、呼和诺仁、霍多莫尔)的统层工作,同时以区域统层剖面为基础,开展贝尔凹陷内部各油田的层序地层划分与对比,明确不同油田主力油层段的归属。本次以标准井—骨架剖面—多井对比为路线,在塔南凹陷-南贝尔凹陷-贝尔凹陷选取 8 口标准井,即塔 19-8 井、塔 21-15 井、塔 21-45 井、塔 21-24 井、希 13-1 井、希 3 井、贝 34 井、霍 12 井,设计了两条统层大剖面,并以此为基础,在贝尔凹陷内部选取了 3 纵、5 横共 8 条骨架剖面(图 2.1),井震结合,建立地震层序骨架剖面、测井层序对比剖面。

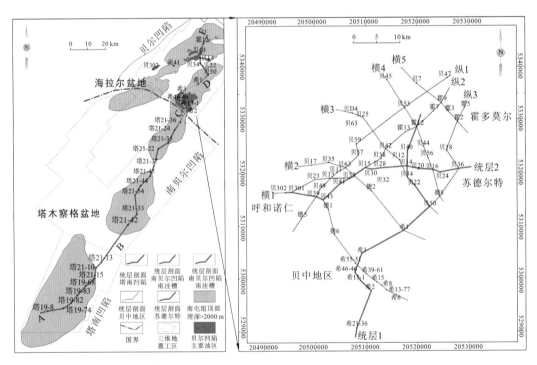

图 2.1　塔南凹陷-南贝尔凹陷-贝尔凹陷统层骨架剖面位置

　　根据构造幕次、气候旋回、湖平面及物源供给等因素导致的三级湖平面的升降旋回产生的不整合及其对应的整合面为界面,分析表明,铜钹庙组-南屯组沉积时期,湖盆内部主要发育 5 个可以追踪对比的区域不整合面,以及存在于盆地边部大量的局部不整合及其湖盆内部与之相当的整合面。其中可区域追踪对比的主要界面有:地震标准层 T_5、区域不整合、基底顶面、铜钵庙组底面;地震标准层 T_3、区域不整合和局部假整合的铜钵庙组的顶面、南一段 IV 油组(SQn_1^4)底面;南一段 IV 油组(SQn_1^4)顶面、南一段 III 油组

（SQn$_1^3$）底面，为区域不整合面；地震标准层 T$_2^3$ 为南一段顶面、南二段底面，该界面以上通常为一套向上退积沉积组合，界面以下为湖侵至湖侵后期形成的加积-弱进积沉积组合。值得注意的是，由于在塔南凹陷、南贝尔凹陷等地区南一段沉积厚度较薄，该界面上述特征并不常见；地震标准层 T$_2^2$ 即区域不整合面为南二段顶面。

　　根据以上划分的主要界面，综合参考岩性特征、电性特征、三维地震界面特征及孢粉组合特征，通过塔南凹陷—南贝尔凹陷—贝尔凹陷（贝中、苏德尔特、霍多莫尔）10 余条骨干剖面的井、震追踪对比，将塔南凹陷-贝尔凹陷铜钵庙组-南屯组划分为四个三级层序，即 SQt、SQn$_1^4$、SQn$_1^{1\sim3}$ 及 SQn$_2$，分别对应于铜钵庙组、南一段 IV 油组、南一段 I～III 油组及南二段（图 2.2）。其中，SQn$_1^4$ 在各凹陷分布稳定，对塔南凹陷-贝尔凹陷主力油层发育情况统计后发现，各凹陷主力油层主要集中在该层序。

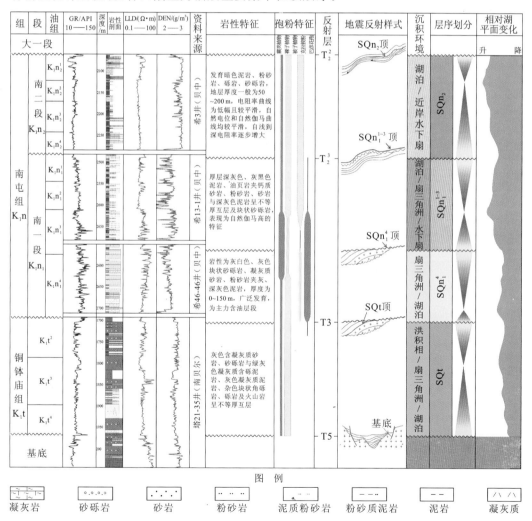

图 2.2　塔南凹陷-南贝尔凹陷-贝尔凹陷层序地层划分方案

2.1.3 三级层序界面特征及识别

1. SQt 层序底界面(SBt)

SQt 层序底界面即为基底顶面,该界面为区域不整合面,即 T5 反射界面。从地震剖面上看,T5 之下地层削截明显(图 2.3),为高角度不整合面,即为一区域不整合面,也为一个二级层序边界,该界面之上地层上超特征明显。

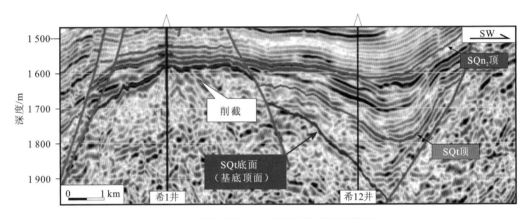

图 2.3 贝尔凹陷 SQt 底界面地震反射特征

根据不同凹陷钻井剖面特征,SBt 以下即为基底,其岩性在不同地区差异较大,主要发育蚀变火山岩、具变质特征的砂泥岩、火山碎屑岩和杂色凝灰质砂砾岩。此外,研究区基底岩心资料中多见被方解石交代充填的裂缝,体现了强烈构造活动对其的改造作用(图 2.4)。

 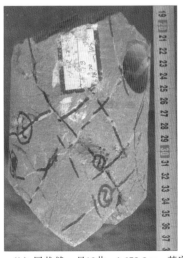

(a) 方解石脉,德5井,2 198 m,基底　　　　(b) 网状缝,贝12井,1 679.9 m,基底

图 2.4 贝尔凹陷基底岩性特征

基岩在电性上最明显的特征为自然伽马(GR)极低,而电阻率(LLD、LLS)、声波时差
(DT)、密度(DEN)与上覆地层相比均明显地增高。该界面之上为 SQt 层序,其在不同地
区发育情况差异较大:塔南凹陷-南贝尔凹陷地区,该层序主要岩性为灰色凝灰质泥岩、
杂色块状角砾岩、砾岩等,沉积物粒度粗、分选差、成熟度低,反映了快速堆积、近物源同
时受火山活动影响极大的沉积特征;在贝中油田,SQt 主要由灰色含凝灰质砂岩、粉砂岩
与绿灰色粉砂质泥岩、泥岩呈不等厚互层构成(图 2.5),表明贝中地区应更接近于当时的
沉积中心。

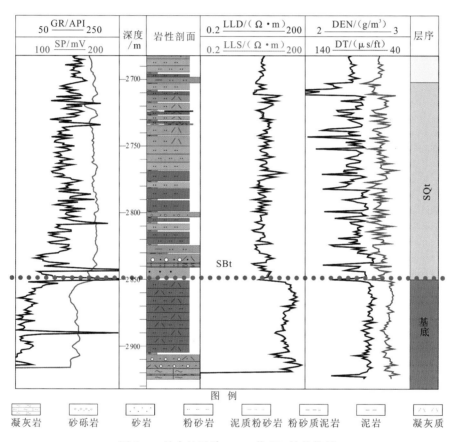

图 2.5　贝中地区希 46-46 井 SBt 钻井特征

2. SQn_1^4 层序底界面(SBn_1^4)

SQn_1^4 层序底界面为 T_3 反射界面,从地震剖面上看,T_3 之下地层以不整合面及其对
应的整合面作为三级层序的边界,该界面对下部地层削截严重,界面之上地层上超特征
明显(图 2.6)。$T_3 \sim T_5$ 通常是无反射杂乱区或发育一些断续的短反射。并见有相互叠
置的丘状反射。显然是与它们所反映的地层与大套粗碎屑沉积相对应,并显示多期扇体
的叠置。

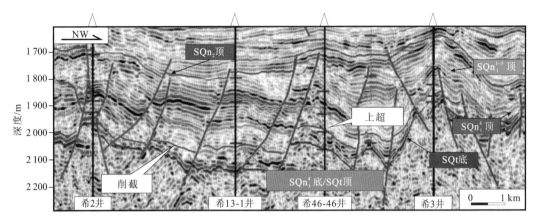

图 2.6　贝尔凹陷 SQn_1^4 底界面地震反射特征

从钻井剖面上看,塔南凹陷、南贝尔凹陷以及贝尔凹陷北部地区,SBn_1^4 界面上下岩性变化大,界面之上 SQn_1^4 的沉积物粒度较细,以凝灰质砂岩、粉砂岩及泥岩不等厚互层为主,界面下 SQt 则主要由厚层砂砾岩、粗砂岩构成,更多地反映了近缘的沉积特征。SBn_1^4 在钻测井曲线上明显地表现出由进积-退积的转变,各曲线基值也发生突变。而对于贝中地区而言,SBn_1^4 界面之上 SQn_1^4 和 SQt 均主要发育凝灰质砂岩、粉砂岩等相对细粒沉积物,但界面之下 SQt 层序广受火山活动作用影响,通常表现出弱变质特征,使得界面上、下电性特征同样存在明显的差异。整体上看,SQn_1^4、SQt 与基底三套地层电测曲线呈现"三级跳",GR 逐级降低,电阻率、DEN、DT 逐级升高。此外,贝尔地区铜钵庙组顶界面之上常发育一套稳定分布的泥岩(图 2.7)。

不难看出,SQt 层序(铜钵庙组)和 SQn_1^4 层序之间存在着较为明显的差异。在构造上,SQt 由于后期的抬升,造成了大量的剥蚀,为残留地层,尤其在塔南凹陷一些斜坡带,地层呈现为高角度,原型盆地不清楚,直到晚期在区域拉张作用下断裂较为发育;而 SQn_1^4 地层基本上在整个凹陷均有分布,面积广,尤其是边界断裂发育清晰。在层序充填上,SQt 沉积时期,由于火山活动频繁,早期主要为中基性火山岩,晚期主要为中酸性火山岩,沉积岩中含凝灰质较多,岩石多为块状砂砾岩;SQn_1^4 岩性较铜钵庙组细,凝灰质含量明显减少,呈砂泥岩互层。

3. $SQn_1^{1\sim3}$ 层序底界面($SBn_1^{1\sim3}$)

$SBn_1^{1\sim3}$(南一段 I~III 油组)界面为局部不整合面,地震剖面上表现为中等-较强反射,层序界面特征十分明显。在凹陷隆起部位可见上超现象(图 2.8),洼槽内部的地层界面处可见顶超现象。该界面上、下地层在贝尔凹陷洼槽中心,多呈整合接触,而在苏德尔特构造带主体部位为高角度不整合接触;界面以下,由于沉积作用一般为前积-加积的转换,削截现象明显。

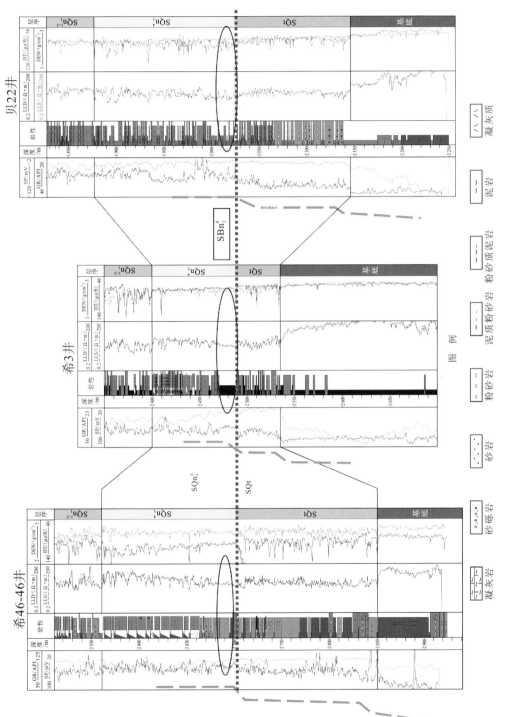

图 2.7　贝尔凹陷 SQn_1^4 底界面钻井特征

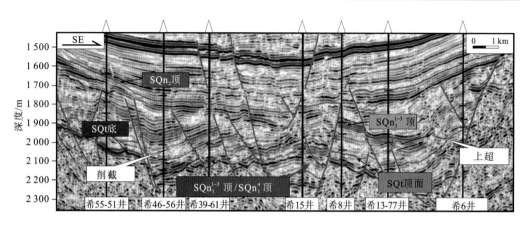

图 2.8 贝尔凹陷 $SQn_1^{1\sim3}$ 底界面地震反射特征

钻井剖面上 $SBn_1^{1\sim3}$ 界面上覆南一段主要由深灰色-黑色泥岩、油页岩构成,局部地区夹钙质砂岩,其中暗色泥岩通常具有高电阻的特征,是贝尔凹陷最主要的烃源岩。在这套烃源岩之下,为 SQn_1^4 层序,值得注意的是,该层序与上覆地层相比,表现为高 GR、高阻,同时 DT、DEN 曲线表明物性明显变好,这一特征在海塔盆地具有良好的对比性(图2.9)。SQn_1^4 在塔南凹陷、南贝尔凹陷、贝尔凹陷广泛发育,其厚度较为稳定,表明其沉积时期古地形较为平缓,本书研究认为其为一套相对独立的层序。

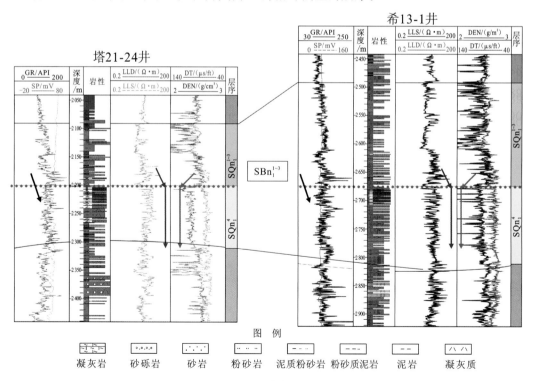

图 2.9 贝尔凹陷 $SQn_1^{1\sim3}$ 底界面钻井特征

4. SQn₂ 层序底界面（SBn₂）

SQn₂ 层序底界面相当于地震反射层 T_2^3，即南一段与南二段分界面。地震剖面上对应中-弱反射，高部位内部反射较杂乱，连续性较差，在全区 T_2^3 的反射既有强反射也有弱反射，变化较大，不易追踪。总体上，T_2^3 之上波组与 T_2^3 之下波组相比，振幅要强，连续性也要好一些（图 2.10）。

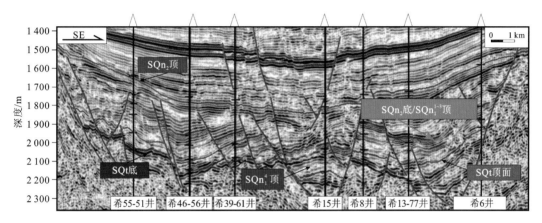

图 2.10　贝尔凹陷 SQn₂ 底界面地震反射特征

SQn₂ 层序底界面在钻井剖面上特征明显，界面之下 $SQn_1^{1\sim3}$ 层序 GR 升高，DT、DEN 降低，由于被上部地层剥蚀或沉积物供给不足，该层序顶部高位不甚发育，整体表现为退积特征。界面之上，SQn₂ 层序呈现出向上湖侵特征，整体为退积组合（图 2.11）。自南贝尔凹陷—贝中凹陷—苏德尔特凹陷方向，南一段地层沉积厚度依次增加。$SQn_1^{1\sim3}$ 顶面之上南二段主要发育灰色或暗色泥岩、粉砂岩、砂砾岩等，电阻率为低幅较平滑曲线，自然电位和自然伽马曲线均较平滑，自浅到深电阻率逐步增大。

5. SQn₂ 层序顶面

SQn₂（南二段）层序顶面即南屯组顶界面，地震剖面上为 T_2^2 反射层，其在大部分区域连续性均较好，在沉积中心多表现为空白反射，局部地区如隆起处削截现象明显（图 2.12）。该界面以下为南二段沉积地层，与上覆大磨拐河组呈区域性角度不整合接触，地震反射特征表现为中-强反射，中低频，可连续追踪，高点部位等区域地震反射品质变差。

钻井剖面上清楚地显示出，塔南凹陷-南贝尔凹陷-贝尔凹陷 SQn₂ 顶界特征均极为相似，界面之下 DT、DEN 明显抬升，GR 明显降低（图 2.13）。界面以下 SQn₂ 整体呈现出退积沉积特征，反映湖平面持续升高的特点。至其顶界面附近为该层序最大湖泛位置，其上高位沉积由于广受上覆大漠拐组剥蚀而不甚发育，仅在贝中油田西北地区有所保留。该层序高位时期主要发育扇三角洲-远岸水下扇沉积，储层条件好，且紧邻优质烃源岩，从目前该区域钻井情况来看，均有着良好的油气显示，油藏类型多为岩性油藏。SQn₂ 高位沉积应作为下一步勘探的重要目标之一。

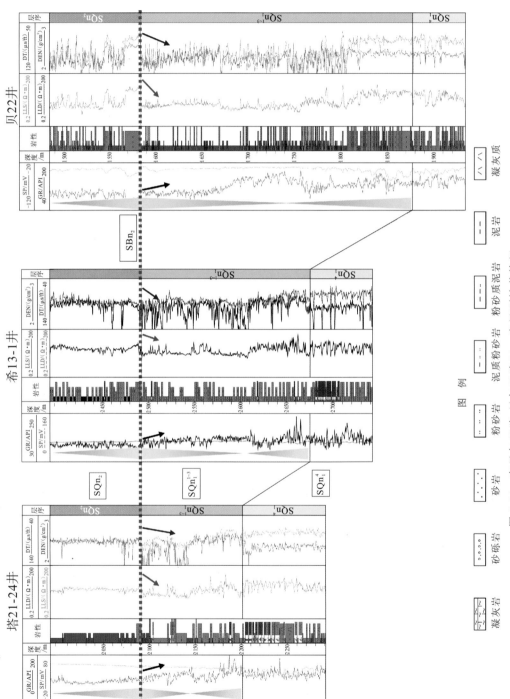

图 2.11　南贝尔凹陷-贝尔凹陷SQn_2底界面钻井特征

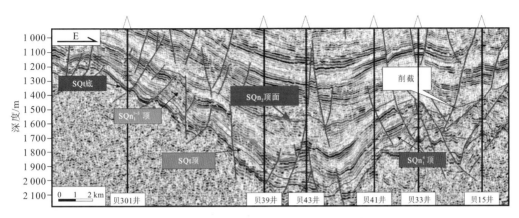

图 2.12　贝尔凹陷 SQn₂ 顶界面地震反射特征

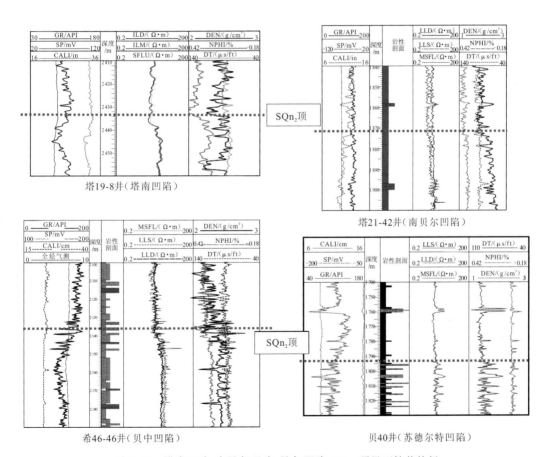

图 2.13　塔南凹陷-南贝尔凹陷-贝尔凹陷 SQn₂ 顶界面钻井特征

2.1.4　三级层序地层格架建立

在确定塔南凹陷-贝尔凹陷层序界面的基础上,进行钻测井及地震层序的划分;通过合成地震记录,建立井震之间的关系,搭建起塔南凹陷-南贝尔凹陷-贝尔凹陷及贝尔凹陷内部(包括苏德尔特油田、呼和诺仁油田、贝中油田)铜钵庙组-南屯组三级层序地层格架,为下一步建立贝中油田高精度地层对比提供有力的地质依据与保证。

三级层序的层序界面类型、层序地层构型、层序保存程度以及各层序体系域构成等在塔南凹陷-贝尔凹陷不同区域、不同构造带上具有一定的差异性,以下详细说明主要骨架剖面层序地层对比与分布特征。

1. 塔南凹陷-贝尔凹陷层序地层格架及层序发育特征

塔南凹陷-贝尔凹陷层序地层对比剖面自西向东经过塔南凹陷、南贝尔凹陷南洼槽、南贝尔凹陷北洼槽、贝中次凹、苏德尔特构造带及霍多莫尔背斜带。由于构造古地貌相差较大,加之断裂发育强烈,各层序发育情况受其影响较大(图2.14)。

SQt层序在塔南地区最为发育,其中塔南凹陷中部塔19-8井地区,其地层厚度大于整个南屯组($SQn_1^4 + SQn_1^{1\sim3} + SQn_2$),整个塔南凹陷SQt均有所发育,岩性以砾岩、砂砾岩为主。SQt地层由南向北逐渐减薄,至南贝尔凹陷南洼槽塔21-42井一带逐渐超覆于边缘基底之上,整个南贝尔凹陷南洼槽SQt均不发育(图2.15)。经过塔21-37井进入南贝尔凹陷北部洼槽,SQt地层重新出现,整体上仍为一套冲积扇-扇三角洲粗粒沉积,洼槽中心塔21-22井及塔21-35井一带SQt地层最厚,向北部贝中地区逐渐减薄,物源主要来自南部缓坡(图2.16,图2.17)。进入贝中地区,SQt地层厚度明显减薄,同时该沉积时期不再发育粗粒沉积物,取而代之的是一套扇三角洲-湖相较细粒沉积,发育以上升半旋回为主的不对称结构。向北至苏德尔特及霍多莫尔地区,SQt层序发育较为稳定,厚度较贝中地区有所增大,但仍远小于南屯组。

SQn_1^4层序厚度总体较薄,低洼处较厚,地震剖面的断裂解释显示该时期断裂发育,但是对于层序的地层厚度控制作用不明显,地层变化程度在三级层序内比其他都小。SQn_1^4层序在塔南凹陷-贝尔凹陷分布广泛,仅在个别隆起,如希1井一带未见发育。各地区SQn_1^4层序特征相似,由于盆地沉降速度较慢,物源充足形成多个准层序组,表现出震荡性湖退造成的弱进积-加积组合,以下降半旋回占优势,最大湖泛面位于层序下部,沉积类型均以扇三角洲为主,具有较好的对比性。值得一提的是该层序在各区均为主力油层发育地层。

$SQn_1^{1\sim3}$层序总体上呈现出退积特征,下部主要发育滨浅湖相,向上过渡为半深湖相,表明该时期为持续湖泛时期。其沉积时期,整个海塔盆地构造沉降快速,沉降幅度急剧增大,为盆地快速断陷期,持续增加的可容空间使得该层序在各地区均广泛分布,其沉积类型以湖泊为主,是烃源岩发育的有利相带。此外,该层序在不同地区发育程度有所差异,如在苏德尔特隆起及贝中地区该层序被断层不同方向地切割,地层受其影响发生不同程度的倒转和挠曲作用(图2.18)。总体上讲,$SQn_1^{1\sim3}$层序在塔南凹陷-南贝尔凹陷-贝尔凹陷沉积厚度依次增加。

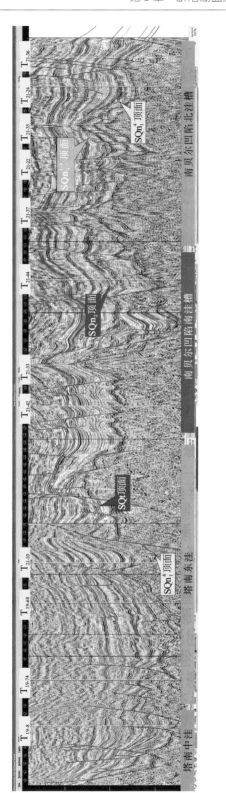

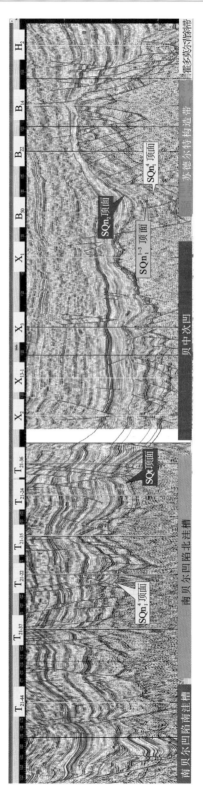

图 2.14　塔南凹陷-南贝尔凹陷-贝尔凹陷层序地层地震格架

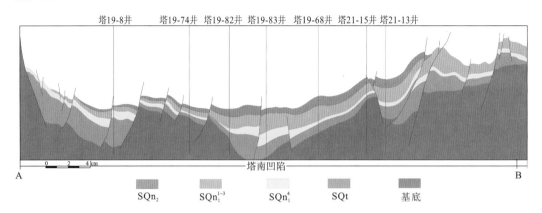

图 2.15　塔南凹陷层序地层格架

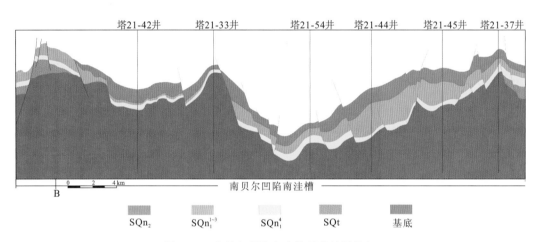

图 2.16　南贝尔凹陷南洼槽层序地层格架

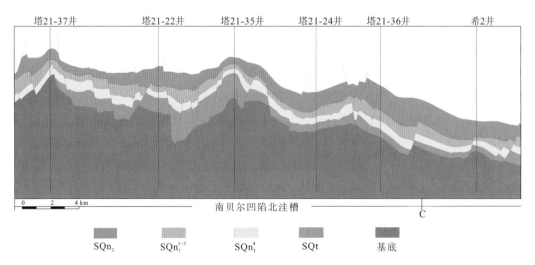

图 2.17　南贝尔凹陷北部层序地层格架

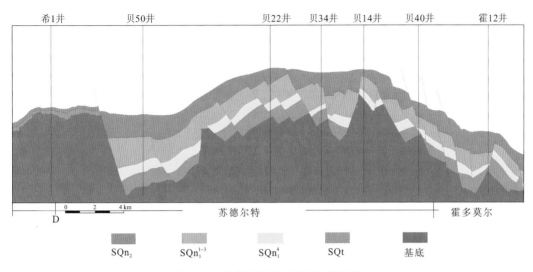

图 2.18　苏德尔特地区层序地层格架

　　SQn_2 层序沉积时期仍处于强烈断陷阶段,并伴随着快速沉降,使得湖盆水体进一步扩大和变深。塔南凹陷地区,该层序地层厚度最薄,塔南中部塔 19-8 井附近,SQn_2 向西逐渐超覆。南贝尔向北至霍多莫尔地区,该层序普遍发育,厚度均较塔南地区明显增加,其中贝中地区,SQn_2 沉积厚度可达 500 m 以上(图 2.19)。南屯组末期,SQn_2 层序在北西—南东向挤压应力场作用下,地层抬升并遭受剥蚀,顶面(T_2^2)的角度不整合广泛分布。

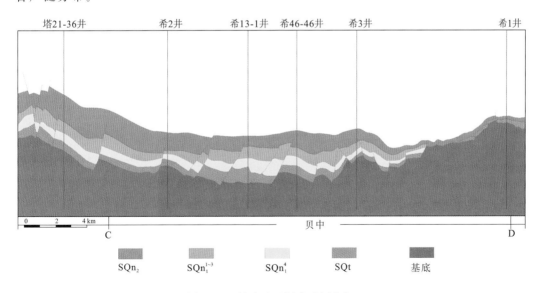

图 2.19　贝中地区层序地层格架

2. 苏德尔特-呼和诺仁层序地层格架及层序发育特征

苏德尔特-呼和诺仁层序地层对比剖面是横贯贝尔凹陷地区的一个主要剖面,连接苏德尔特油田与呼和诺仁油田。从苏德尔特地区剖面看,其西部洼槽底部以及东部贝16井一带发育SQt层序,内部地层厚度变化较小,沉积物以灰色砾岩夹灰色、灰绿色泥岩为主,呈低位域为主的不对称结构(图2.20,图2.21)。潜山之上,断裂发育,地层被其复杂化。SQn_1^4层序及$SQn_1^{1\sim3}$层序内的地层由西向东,呈台阶状发育,贝16井处主要为SQn_1^4的地层,$SQn_1^{1\sim3}$层序仅有少量残余,说明层序发育时构造隆起较高,SQn_2被强烈剥蚀,而$SQn_1^{1\sim3}$层序同样受到较大程度剥蚀。SQn_1^4层序向西至贝13井附近上超尖灭,向西至贝36井处亦逐渐变薄至上超。苏德尔特贝28井以西洼槽内部$SQn_1^{1\sim3}$发育较薄,总体以上升半旋回为主。SQn_2地层在苏德尔特地区整体较厚,构造高部位上剥蚀明显,受边界断层以及基底断裂的控制,断层下降盘处此套地层较厚。

呼和诺仁油田位于苏德尔特潜山构造带西侧,位于呼仁诺尔断鼻构造带,该带位于贝尔凹陷的西南部,主要发育北东东向和北东向控陷断层。从呼和诺仁地区剖面可以看出,该地区SQt不发育,主要原因是古地貌相对较高,SQt层序在贝23井一带剥蚀殆尽。SQn_1^4在贝301井处仅残余较薄地层,并向西直接超覆于基底之上。$SQn_1^{1\sim3}$地层同样明显减薄,厚度普遍小于50m。SQn_2沉积时期为裂陷(快速沉降期)期,湖盆进一步扩张,贝23井一带为当时的沉积中心,贝302井、贝301井两口井的地层厚度变化不大,为呼和诺仁油田主力油层所在。SQn_2在测井上的表现主要是自然伽马的泥岩基值具有一致性,顶底界面为自然伽马和电阻率的突变位置。SQn_2旋回的构成以下降半旋回为主,上升半旋回较少。

3. 贝中-呼和诺仁层序地层格架及层序发育特征

贝中次凹沉降较晚,相对贝尔地区其他洼槽为构造上较高部位。SQt、SQn_1^4、$SQn_1^{1\sim3}$及SQn_2沉积厚度均比较稳定,横向变化也相对较小。贝中部分层序地层剖面主要为穿越贝中次凹的北西—南东向剖面,包括希55-51井、希8井、希6井等。其层序对比剖面反映出洼槽内的断层呈相向而生,形成局部地垒和地堑,构成横向垒堑式结构。总体看来,研究层段地层被两侧的控洼断裂切断,在两侧的隆起之上突然变薄。沉积中心位于洼槽边界断层下降盘构造较低部位,如希15井、希13-77井一带,物源主要来自两侧的隆起,如德6井地区。贝中油田与呼和诺仁油田各三级层序有着较强的对比关系,但主力油层位置并不相同。贝中油田主力油层主要集中于SQn_1^4,该层序主要发育扇三角洲沉积,在贝中地区以下降半旋回为主,上升半旋回发育较少。呼和诺仁油田SQn_1^4及$SQn_1^{1\sim3}$分别于贝301井附近逐渐上超,其主力含油层位为SQn_2层序(图2.22,图2.23)。

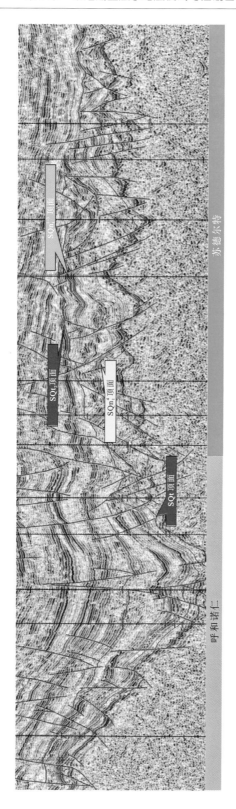

图 2.20　呼和诺仁-苏德尔特层序地层地震格架

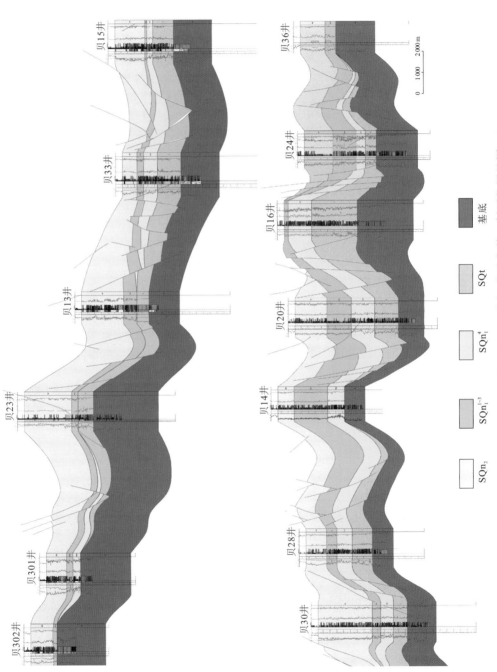

图 2.21　贝302井-贝36井层序地层格架（呼和诺仁-苏德尔特，剖面位置见图2.1）

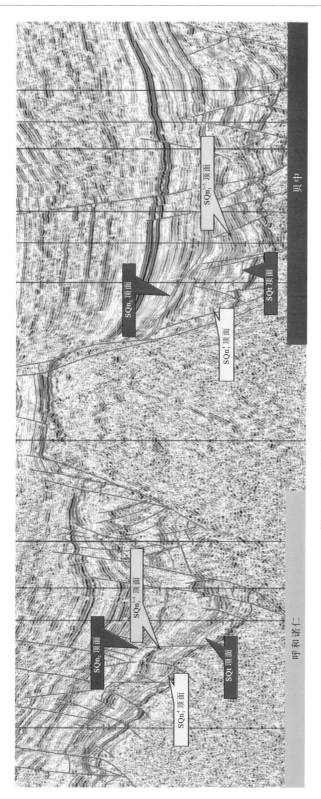

图 2.22　呼和诺仁-贝中地区层序地层地震格架

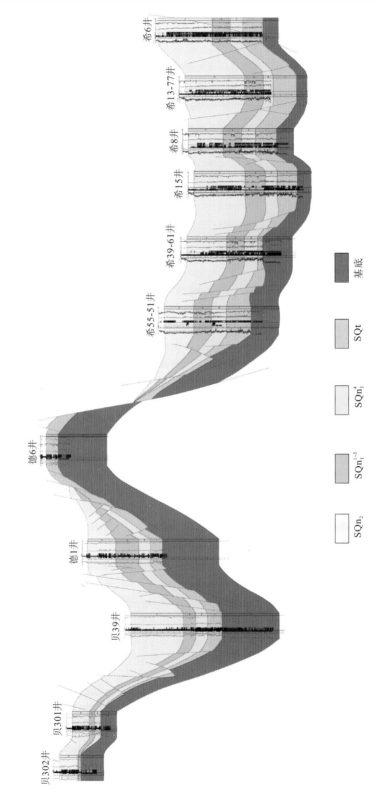

图 2.23　贝302井-希6井层序地层格架（呼和诺仁—贝中，剖面位置见图2.1）

2.2 SQn_1^4 的油气地质意义

在早期的方案中,SQn_1^4 在各凹陷归属有所不同,如在贝中地区将其划分为两个油组,未识别出其顶部、底部剥蚀面,而在塔南凹陷将其归入铜钵庙组的顶部(图 2.24)。本次从塔南凹陷-贝尔凹陷的角度对铜钵庙组及南屯组进行了统一的划分和对比,最大的变化是将 SQn_1^4 作为一个新的构造型层序进行分析,解决了一直困扰勘探人员的各凹陷层位不统一、主要勘探目的层位不一致等问题,同时为开发方案、注采方案的制订中出现的矛盾提供了可靠的地质依据,进而能够提高海塔盆地的勘探、开发效率。

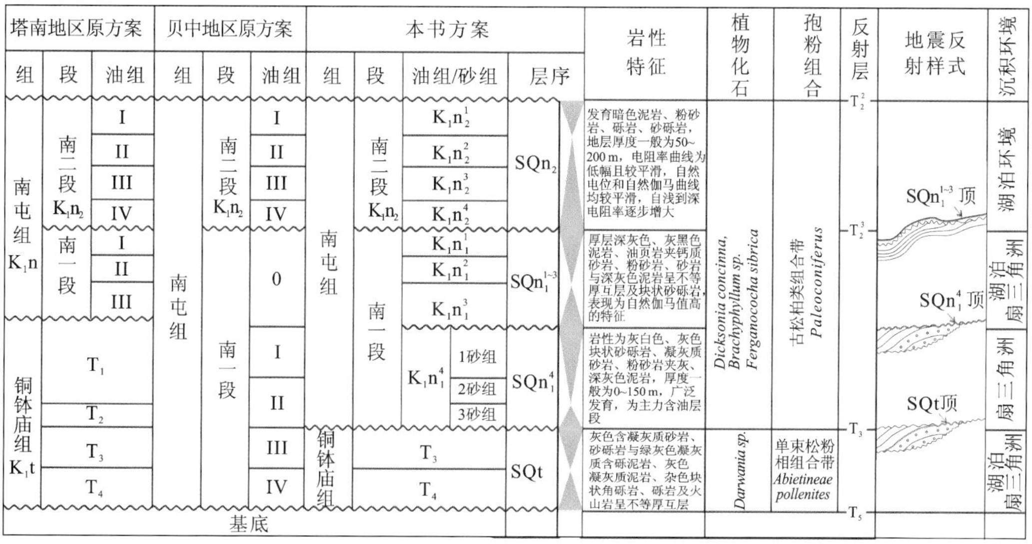

塔南地区原方案			贝中地区原方案			本书方案				岩性特征	植物化石	孢粉组合	反射层	地震反射样式	沉积环境
组	段	油组	组	段	油组	组	段	油组/砂组	层序						
南屯组 K_1n	南二段 K_1n_2	I	南屯组	南二段 K_1n_2	I	南屯组	南二段	$K_1n_1^1$	SQn_2	发育暗色泥岩、粉砂岩、砾岩、砂砾岩,地层厚度一般为50~200m,电阻率曲线为低幅且较平直,自然电位和自然伽马曲线均较平滑,自浅到深电阻率逐步增大	*Dicksonia concinna*, *Brachyphyllum sp.* *Ferganocoha sibirica*	古松柏类组合带 *Paleoconiferus*	T_2^2 T_2^3	SQn_1^{1-3} 顶	湖泊环境
		II			II			$K_1n_1^2$							
		III			III			$K_1n_1^3$							
		IV			IV			$K_1n_1^1$		厚层深灰色、灰黑色泥岩、油页岩夹钙质砂岩、粉砂岩、砂砾岩与深灰色泥岩呈不等厚互层及块状砂砾岩,表现为自然伽马值高的特征				SQn_1^4 顶	湖泊扇三角洲
南一段		I		0			南一段	$K_1n_1^1$	SQn_1^{1-3}						
		II	南屯组	南一段				$K_1n_1^3$					T_3^1	SQt 顶	
		III			I			$K_1n_1^4$ 1砂组	SQn_1^4	岩性为灰白色、灰色块状砂砾岩、凝灰质砂岩、粉砂岩夹灰、深灰色泥岩,厚度一般为0~150m,广泛发育,为主力含油层段	*Darwania sp.*	单束松粉相组合带 *Abietineae pollenites*			湖泊扇三角洲
铜钵庙组 K_1t	T_1				II			2砂组							
	T_2				III	铜钵庙组		3砂组							
	T_3		铜钵庙组		III			T_3	SQt	灰色含凝灰质砂岩、砂砾岩与绿灰色凝灰质含碎屑泥岩、灰色凝灰质砂岩、杂色块状角砾岩、砾岩及火山岩呈不等厚互层			T_5^1		湖泊扇三角洲
	T_4				IV			T_4							
基底															

图 2.24 研究区新、老层序划分方案对比

2.2.1 发现 SQn_1^4 层序的地质意义

SQn_1^4 层序的发现,并不是简单地将地层重新划分,它有十分重要的地质意义。

1. 确定 SQn_1^4 层序顶、底均为不整合面的性质

之前的地层对比,并未将 SQn_1^4 层序顶、底作为区域稳定的标准层,以致在塔南凹陷将 SQn_1^4 地层归属于铜钵庙组(SQt);而在贝中地区则并未识别出铜钵庙组。本次研究发现 SQn_1^4 层序顶、底的性质均为一区域不整合面,因此,SQn_1^4 层序便可作为一个能够区域对比的稳定标准层,从而可将 SQn_1^4 在塔南凹陷从之前的铜钵庙组独立出来,在贝中地区,SQn_1^4 层序下伏地层亦可确认为铜钵庙组。

2. 使建立海塔盆地等时区域地层划分对比格架成为可能

之前海塔盆地区域地层划分对比不统一,归根结底是各个凹陷对区域标准层的认识不统一造成的,本次在 SQn_1^4 层序识别的基础上确定了 SBt、SBn_1^4、$SBn_1^{1\sim3}$、SBn_2 及 SQn_2 顶面 5 个区域不整合面,以此为基础建立了塔南凹陷-贝尔凹陷铜钵庙组及南屯组统一的区域地层划分对比标准,使建立海塔盆地区域等时地层划分对比格架成为可能。

3. 使以往沉积、储层研究中出现的大量矛盾迎刃而解

SQn_1^4 层序地层与下伏的铜钵庙组以及上部 $SQn_1^{1\sim3}$ 之间存在较长地质时间的沉积间断,致使 SQn_1^4 层序同上、下层序在沉积环境、沉积体系上有较大的差异,进而导致它们的储层岩性、物性存在较大的差异。以往沉积、储层研究单元不能很好地确定,例如在贝中地区,没有识别出铜钵庙组,且将南屯组作为连续沉积的一套地层看待,势必会导致大量无法解释的矛盾出现。应该重新确定沉积、储层研究单元。

2.2.2 SQn_1^4 层序的发现带来的勘探开发潜力

1. 勘探潜力

目前塔南凹陷-贝尔凹陷发现的优质储量,大部分集中在 SQn_1^4(南一段 IV 油组);由于 SQn_1^4 上覆的 $SQn_1^{1\sim3}$ 是海塔盆地区域稳定的一套优质烃源岩,同时该层序发育于构造活动相对稳定期,储层物性好、分布稳定。在反向断裂控制的构造背景下,油气以深大反向同沉积断层为主要垂向运移通道、以剥蚀面为主要平面运移通道,在有利的沉积相带上,最有利的油气聚集目标指向被两个区域不整合夹持的 SQn_1^4。因此,SQn_1^4 应是海塔盆地下一步滚动勘探的首要目标。

2. 开发潜力

贝中油田的油藏主要分布于 SQn_1^4,其次有少量分布于上覆 $SQn_1^{1\sim3}$ 底部储层及下伏 SQt 顶部储层,之前把这几套地层作为连续沉积的一套含油层系看待,导致在油水层识别和油水界面的认识上存在较大矛盾。本次研究确认 SQn_1^4 层序之后,发现其与下伏 SQt 顶部储层在含油性、储层物性上有较大差异,油水界面也是各自独立的,且 SQn_1^4 油藏的油柱高度要比下伏 SQt 顶部油藏的油柱高度大得多,因此分层序开发势在必行;此外,在塔南等地区,油藏落实的油水界面实际上都是下伏 SQt 顶部油藏的油水界面,上部 SQn_1^4 油藏的油水界面实际上并未探明,因此针对 SQn_1^4 的滚动扩边还有较大潜力。

2.3　断陷湖盆层序地层充填样式

前文对贝尔凹陷层序地层发育特征进行了分析,显然 SQt、SQn_1^4、$SQn_1^{1\sim3}$ 及 SQn_2 的形成严格受构造活动的控制,这就决定了研究区表现出三种与湖盆沉降作用耦合的层序地层充填样式,即初始断陷期以填平补齐为特征的层序充填样式(以 SQt 为代表)、构造相对稳定期"泛盆"层序充填样式(以 SQn_1^4 为代表)以及强烈断陷期复式小型断陷湖盆层序充填样式(以 $SQn_1^{1\sim3}$ 及 SQn_2 为代表)。

2.3.1　初始断陷期层序充填样式

SQt 沉积时期为海塔盆地发育的初期,具有两个重要特点:一是由于盆地整体抬升,基岩古隆起暴露地表剥蚀;二是盆地以填平补齐作用为主。该时期基底古地貌为明显的"负向构造",整个贝尔凹陷呈现多个较为独立的残留型湖盆(图 2.25),均表现为湖水浅、面积小的特征。这些浅水小湖盆一般充填的物源较多,且以短轴物源为主,主要发育冲积扇-扇三角洲-滨浅湖沉积。SQt 层序在其将小型湖盆填平补齐的过程中,可进一步划分为两个阶段:①SQt 沉积早-中期,主要沉积了一套以凝灰岩、凝灰质砂岩、凝灰质泥岩及安山岩等组成的地层,整体表现为一个向上水体变深的过程,具有典型的退积沉积特征。局部地区如苏德尔特地区贝 26 井一带,沉积作用受火山活动强烈影响,本书将在第 4 章对其加以说明。②SQt 沉积中-晚期,随着湖平面开始下降,沉积物供给充足,填平补齐作用增强。沉积体系的发育特征与其前期基本一致,发育规模较前期明显增大。值得注意的是在贝中地区,由于上部 SQn_1^4 对其具有强烈的侵蚀作用,使得其晚期沉积保存并不完整。

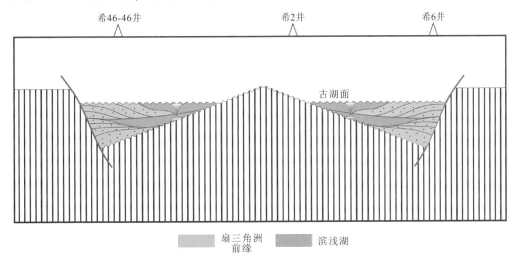

图 2.25　贝尔凹陷 SQt 层序地层发育模式

2.3.2　构造相对稳定期层序充填样式

经过前期填平补齐后,贝尔凹陷多个较小规模的"负向构造"已连成一体,为 SQn_1^4 沉积充填奠定了宽缓背景。SQn_1^4 沉积时期,盆地平稳伸展,沉降量不大,其断层规模也不大,构造活动相对稳定。总体上,该时期盆地具有"泛盆"特征,沉积地层厚度小、范围广,沉积物充填以长轴物源为主,不同级别断层组成的断阶坡折带对沉积控制作用明显(图 2.26)。在该时期相对平缓古地貌的控制下,盆地主要为扇三角洲-湖泊沉积充填,且在全区分布稳定。SQn_1^4 沉积时可容空间相对较小,沉积物供给相对充足,造成该层序进积作用明显,对下部 SQt 有着强烈侵蚀作用。

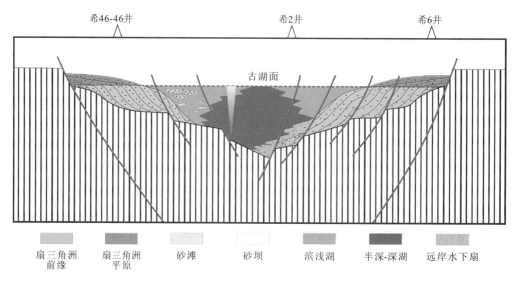

图 2.26　贝尔凹陷 SQn_1^4 层序地层发育模式

2.3.3　强烈断陷期层序充填样式

$SQn_1^{1\sim3}$-SQn_2 中晚期,贝尔凹陷整体处于断陷快速沉降阶段,强烈断陷作用造成湖盆持续沉降,贝尔凹陷形成多个复式小型断陷湖盆,主要发育近岸水下扇及半深湖-深湖沉积充填。

$SQn_1^{1\sim3}$ 沉积时期为贝尔凹陷强烈断陷早期,开始出现大规模的水进,平面上有多个沉积-沉降中心,具复式结构,沉积地层厚度变化大。其中,在贝中地区,东西两侧断陷作用表现出明显的差异性,东部强断陷造成高构造落差,为近岸水下扇的发育提供了地貌基础;西侧断陷作用相对较弱,以滨浅湖相滩坝沉积为主,$SQn_1^{1\sim3}$ 早期仍残留有萎缩型扇三角洲沉积(图 2.27)。

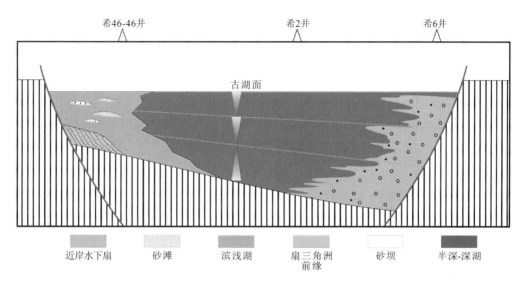

图 2.27　贝尔凹陷 $SQn_1^{1\sim3}$ 层序地层发育模式

SQn_2 处于盆地的强烈断陷期,湖盆持续沉降造成了沉积物供给远小于可容空间增加速率,该时期沉积作用表现出明显的饥饿性,造成湖泛特征十分明显,湖相暗色泥岩广泛分布。在贝中地区西侧断陷作用开始加强,使得其沉积充填样式发生显著改变,贝中次凹因此体现出典型的双断型结构(图 2.28),湖盆两侧为近岸水下扇充填,与 $SQn_1^{1\sim3}$ 相比,扇体规模明显增大。至 SQn_2 末期,贝尔凹陷开始趋于由萎缩盆地向拗陷盆地转化。

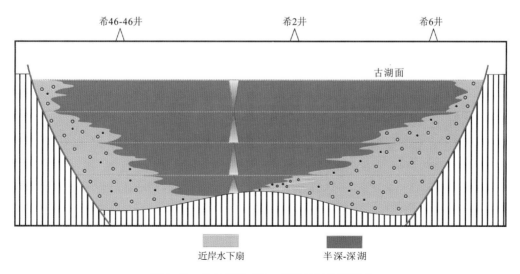

图 2.28　贝尔凹陷 SQn_2 层序地层发育模式

2.4　油藏区高精度层序地层格架

层序地层学通过年代地层格架的建立为含油气盆地地层分析和储层预测提供了坚实的基础,但其在层序的划分上缺乏时间或物理上的尺度,致使在提高层序地层分析的分辨率和储层预测的准确性方面存在一定限制,很难满足开发地质研究中精细地层划分的需要,石油开发地质学家需要更为精确和系统的技术,以提高层序地层分析的分辨率,因此以科罗拉多矿业学院 Cross 学派为主的高分辨率层序地层学开始崛起。高分辨率层序地层学的理论核心是:受海平面变化和构造沉降等控制因素的影响,在基准面旋回变化过程中,可容空间与沉积物供给速率相对变化,导致有效可容纳空间位置发生迁移,沉积物发生体积再分配,原始地貌形态、沉积厚度、地层堆积样式、相类型、内部结构及保存程度等发生改变,这些变化是其在基准面旋回中所处位置和可容空间的函数。其基本原理有 4 个,即基准面旋回原理、体积分配原理、相分异原理和旋回对比法则。

本书在贝尔凹陷三级层序格架建立的基础上,以高分辨率层序地层学原理为指导,针对贝中油田,选取有利层位重点解剖,建立其更高精度层序地层格架,探求更小级别旋回内沉积相构成与演化特征,为储层分布演化、油田开发对策奠定基础。

2.4.1　基准面旋回识别

层序界面的识别是基准面旋回识别的基础,贝中油田南屯组各级基准面旋回层序界面主要表现为冲刷侵蚀面及湖泛面。

1. 冲刷侵蚀面

冲刷侵蚀面按照规模及对层序的控制作用可进一步划分为与中、长期基准面旋回有关的冲刷侵蚀面和与短期基准面旋回有关的冲刷侵蚀面。本书长期基准面旋回层序对应于三级层序。

贝中油田主要目的层位为 SQn_1^4,以扇三角洲前缘沉积为主,研究区中期层序界面主要发育于河口坝微相与水下分支河道微相之间,总体上反映了湖平面较大幅度的升降[图 2.29(a)]。

贝中地区短期冲刷侵蚀面的形成,多由于湖平面小幅度频繁升降引起,如 SQn_1^4 沉积时期,振荡性湖退作用,造成的局部冲刷。钻井剖面上,短期冲刷侵蚀面一般位于叠置水下分支河道或单个水下分支河道的底部,此外,部分河口坝顶部也常由于上覆水下分支河道的进积、改道作用而发育短期侵蚀冲刷面[图 2.29(b)]。

2. 湖泛面

湖泛面是指不同层次基准面上升到高点由湖泛作用形成的弱补偿或欠补偿沉积所构成的界面。贝中油田主要发育扇三角洲-滨浅湖沉积体系,湖泛面多形成于湖平面上升末期以及下降早期,如 SQn_1^4 初期,湖平面由最高位置开始下降,该时期由于沉积物欠补偿,在贝中油田普遍发育一套较为稳定的泥岩或粉砂岩等细粒沉积[图 2.29(a)]。

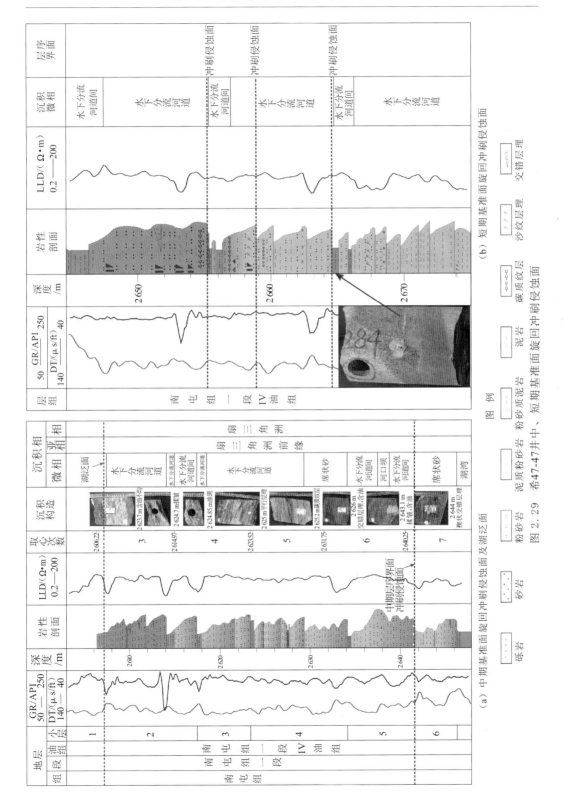

图 2.29　希 47-47 井中、短期基准面旋回冲刷侵蚀面

2.4.2　基准面旋回特征

南屯组为贝中油田主要目的层段,本次重点针对其进一步划分为长期、中期和短期三个级别基准面旋回。

1.长期基准面旋回特征

长期旋回为一规模较大、较完整的湖进-湖退沉积旋回,对应于贝尔凹陷区域三级层序(图 2.30),即 SQn_1^4、$SQn_1^{1\sim3}$ 及 SQn_2,关于各长期基准面旋回层序识别及特征,前文已对其进行详细论述,故在此不予赘述。

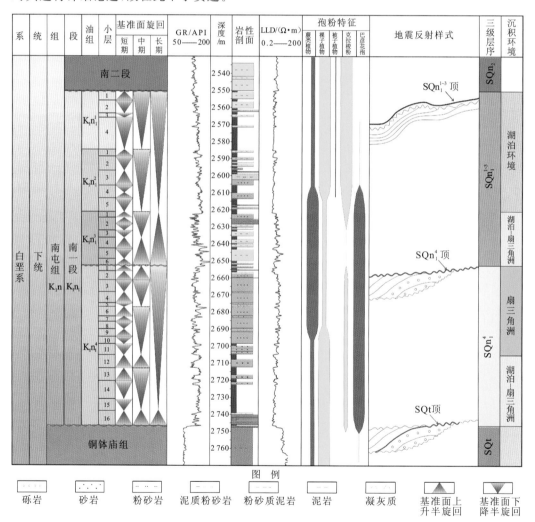

图 2.30　贝中油田南一段基准面旋回综合柱状图

2. 中期基准面旋回特征

本次将长期基准面旋回 SQn_1^4 划分为 3 个中期旋回,自下而上为 MSC1～MSC3,分别对应着 SQn_1^4 早期、中期及晚期,主要发育下降半旋回(图 2.30)。长期基准面旋回 $SQn_1^{1～3}$ 划分为 3 个中期旋回,自下而上为 MSC4～MSC6,分别对应 $SQn_1^{1～3}$,发育上升及下降半旋回。长期基准面旋回 SQn_2 划分为 4 个中期旋回,自下而上为 MSC7～MSC10,分别对应 $SQn_2^{1～4}$,以发育上升半旋回为主,整体反映了水体不断变深的演化过程。

MSC1 对应 SQn_1^4 的 13～16 小层,形成于 SQn_1^4 早期湖侵时期,该时期泥岩发育,电阻率较低且呈锯齿状,自然电位平直;MSC2 整体为反旋回,岩性下细上粗,与前期沉积相比,砂岩发育,电阻率较高且呈块状,自然电位出现负异常,发育进积型扇三角洲,全区层位分布稳定;MSC3 为 SQn_1^4 晚期沉积,砂层发育,为本区主要的含油层位,其顶部密度及中子孔隙度值突然下降,电阻率较高。从整体上看,该中期旋回岩性下粗上细,发育退积型叠置样式的扇三角洲沉积,全区层位分布稳定。

MSC4 为 $SQn_1^{1～3}$ 早期沉积,对应于 SQn_1^3,电性特征表现为低自然伽马、高电阻率,研究区烃源岩段主要在该中期旋回发育,其顶部电阻率突然升高,呈突变状,可作为全区稳定发育标志层;MSC5、MSC6 分别对应于 SQn_1^2、SQn_1^1,两套中期旋回特征相似,均为高自然伽马、低电阻率泥岩段,其中 MSC6 底部为高自然伽马、低电阻率泥岩段,同样为全区稳定发育标志层。总体上,MSC4～MSC6 岩性较细,以深色泥岩夹粉细砂岩为主,为一次较大规模的湖侵-湖退沉积,在贝中油田西部主要发育萎缩型扇三角洲、滨浅湖砂坝沉积,在东部边界近物源处近岸水下扇沉积较为发育,体现了贝中地区东、西两侧在 $SQn_1^{1～3}$ 时期断陷作用并不平衡。

3. 短期基准面旋回(小层)特征

在贝中油田最有利的含油层段 SQn_1^4 中,三种短期基准面旋回层序的基本类型均可识别出来,即向上"变深"不对称型旋回、向上"变浅"不对称型旋回以及向上"变浅"复"变深"对称型旋回。

1) 向上"变深"不对称型旋回

由于贝中地区 SQn_1^4 扇三角洲前缘水下分支河道发育,该类型短期旋回在研究区最为常见,其特征为主要保存了基准面上升时期沉积,底部一般发育短期冲刷面,向上粒度变细。可进一步分为两种亚类型。

(1) 低可容纳空间向上"变深"的不对称型旋回。在 A/S 值小于 1 的情况下,基准面上升虽然新增可容纳空间,但其增加速度小于沉积物供给速度,从而使得可供沉积物堆积的空间有限,造成扇三角洲前缘水下分支河道相互切割,其上部细粒沉积被冲刷侵蚀,仅保留下部粗粒沉积[图 2.31(a)]。

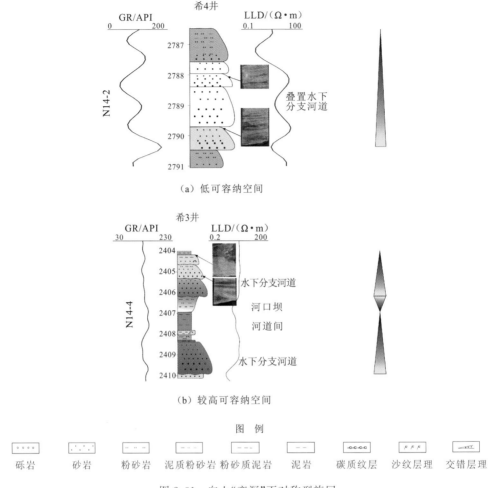

图 2.31 向上"变深"不对称型旋回

(2) 较高可容纳空间向上"变深"的不对称型旋回。在 A/S 值接近 1 的情况下,沉积物供给速度与基准面上升带来的新增可容纳空间基本相当,水下分支河道以进积-加积沉积作用为主。由于此时可容纳空间较高,水下分支河道向前进积能力相对较强,而向下侵蚀能力则相对较弱,上升半旋回得以比较好的保存[图 2.31(b)]。

2) 向上"变浅"不对称型旋回

该类短期旋回主要位于扇三角洲前缘前端河口坝、远砂坝以及席状砂沉积区,相对远离物源使得沉积物供给不足,上升半旋回由于欠补偿沉积不甚发育。下降半旋回内砂体一般具有反韵律(图 2.32),虽然反映了基准面下降的过程中,水深逐渐变浅,以进积为主的特征,然而相对较弱的沉积物供给造成其沉积物粒度细、厚度薄。总体看来,该类下降半旋回自早到晚沉积差异并不大。研究区 SQn_1^4 沉积早期 $14 \sim 16$ 小层，该类短期旋回为其主要短期旋回样式。

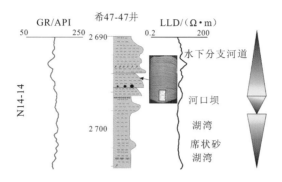

图 2.32　向上"变浅"不对称型旋回

3) 向上"变浅"复"变深"对称型旋回

贝中油田 SQn_1^4 中该类对称型旋回最为常见，主要位于扇三角洲前缘水下分支河道与河口坝沉积区域。研究区扇三角洲沉积在不同位置，受湖水能量影响存在差异，可形成 3 种具不同特征的对称旋回。

（1）相对近物源区，沉积物供给充分，水下分支河道进积作用强，在基准面上升时期，能较完整保存；而在基准面下降期，水下分支河道由于受轻微冲刷而保存相对不完整，这就使得该类旋回上升半旋回大于下降半旋回，并不完全对称［图 2.33(a)］。

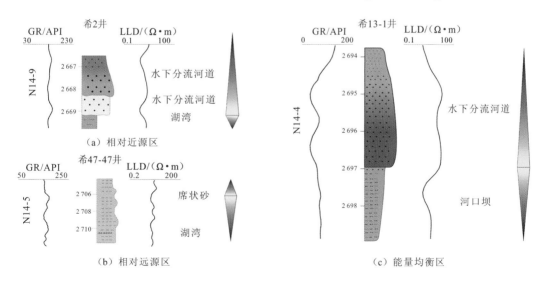

图 2.33　向上"变浅"复"变深"对称型旋回

（2）相对远物源区,其特点为沉积物供应能力不足,而剩余可容纳空间大。这就使得在基准面上升期,由于缺少沉积物供给,上升半旋回不发育;而随着基准面下降,供源相对较充分,发育反粒序的加积-进积序列,如河口坝、席状砂等沉积。上述基准面上升、下降期沉积作用的差异性造成该类短期旋回同样并不对称,下降半旋回发育程度明显较高[图 2.33(b)]。

（3）介于上述两种情况之间,扇三角洲、湖泊能量相对均衡区,其上、下半旋回发育厚度亦大体一致[图 2.33(c)]。

2.4.3　高精度层序地层格架

在高分辨率层序地层学理论的指导下,通过识别不同级次的基准面旋回,重点针对南屯组进行高精度层序地层划分,共划分 4 个长期旋回（SQt、SQn_1^4、$SQn_1^{1\sim3}$ 及 SQn_2）、10 个中期旋回及 47 个短期旋回（小层）。其中,SQn_1^4 可进一步划分为 16 个小层,自上而下命名为 N14-1～N14-16,其他详细划分结果如图 2.34 所示。在此基础上,建立了贝中油田主要目的层段高精度层序地层即小层级别的对比格架（图 2.35～图 2.37）。

贝中地区原方案				本书方案						旋回	
				地层			层序划分				
组	段	油组	小层	组	段	油组	小层（短期）	中期	长期	中期	长期
南屯组	南二段	n_2^1	1	南屯组	南二段	n_2^1	1	MSC10	SQn_2		
		n_2^2	1～4			n_2^2	1～4	MSC9			
		n_2^3	1～7			n_2^3	1～7	MSC8			
		n_2^4	1～4			n_2^4	1～4	MSC7			
	南一组	n_1^0	11～25		南一组	n_1^1	1～4	MSC6	$SQn_1^{1\sim3}$		
						n_1^2	1～5	MSC5			
						n_1^3	1～6	MSC4			
		n_1^1	1～5			n_1^4	1～5	MSC3	SQn_1^4		
		n_1^2	1～11				6～12	MSC2			
							13～16	MSC1			
		n_1^3	1～25	铜钵庙组			T_1		SQt		
		n_1^4	1～5				T_2				
基底											

图 2.34　贝中油田南屯组基准面旋回层划分结果

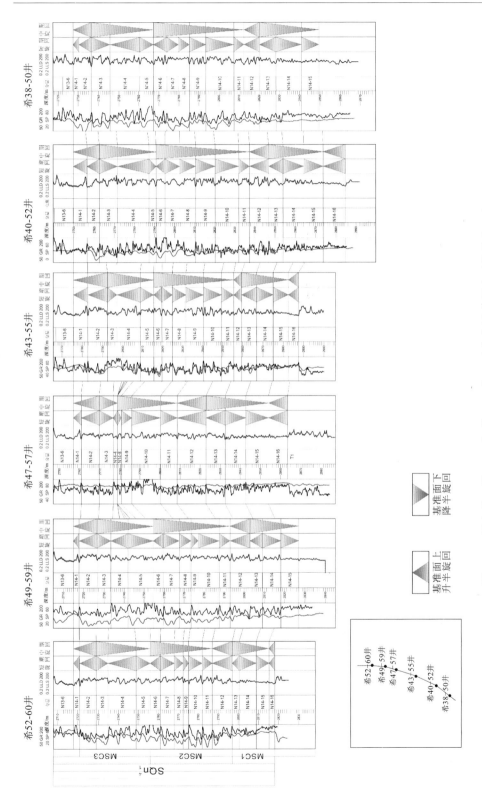

图 2.35　贝中油田希52-50井~希38-50井SQn$_1^4$高分辨率层序对比格架

GR为自然伽马曲线，API；SP为自然电位曲线，mV；LLD、LLS分别为深、浅测向电阻率曲线，Ω·m

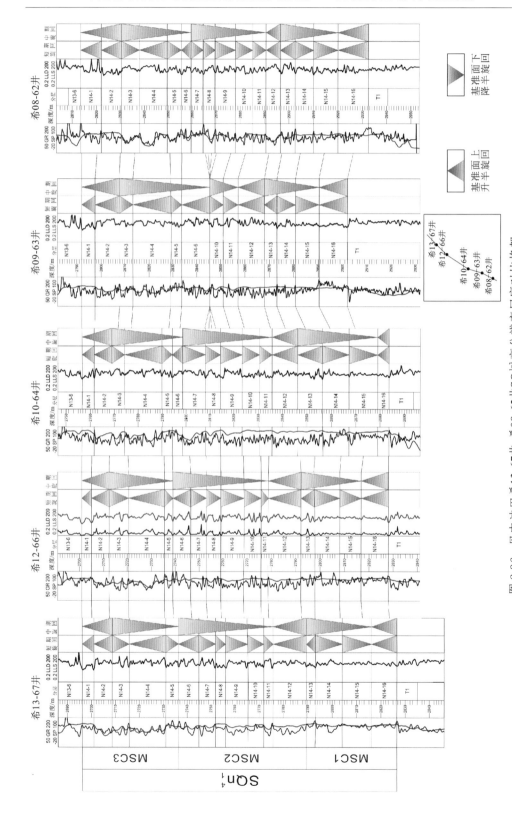

图 2.36 贝中油田希13-67井-希08-62井SQ$_1^{1-3}$高分辨率层序对比格架

GR为自然伽马曲线，API；SP为自然电位曲线，mV；LLD、LLS分别为深、浅测向电阻率曲线，Ω·m

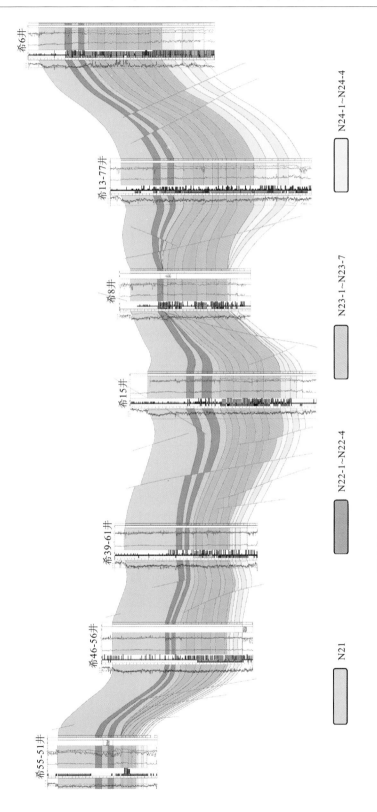

图 2.37 贝中油田希55-51井～希6井SQn₂高分辨率层序对比格架

GR为自然伽马曲线，API；SP为自然电位曲线，mV；LLD、LLS分别为深、浅测向电阻率曲线，Ω·m

2.5 层序地层主控因素

2.5.1 构造对层序序列的控制作用

贝尔凹陷为典型的发育于陆相断陷湖盆背景的沉积凹陷，不同级别的构造活动都会引起不同级别、不同规模的不整合和沉积间断。

本次识别的三级层序包括 SQt、SQn_1^4、$SQn_1^{1\sim3}$ 及 SQn_2，形成原因较为复杂。构造活动期次及发育特点对上述各三级层序发育具有明显的控制作用，具体表现在对各层序沉积时段内可容空间、湖平面和古地貌的控制作用。

贝尔凹陷 $SQt\text{-}SQn_2$ 沉积时期，盆地整体处于拉张的构造背景下，经历了初始张裂断陷阶段，强烈断陷阶段及断陷萎缩阶段，其中在强烈断陷阶段早期，构造活动相对稳定（图 2.38）。

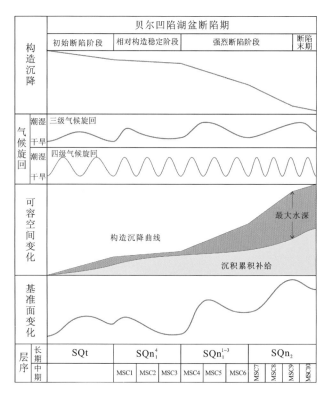

图 2.38 贝尔凹陷层序地层主控因素综合模式图

SQt 层序形成于贝尔凹陷断陷作用的初期，断陷范围相对较小，各次凹自成体系。

SQt 在贝尔凹陷广受剥蚀,残留地层厚度相对塔南-南贝尔明显变薄较少,各区域分布范围不一,但主要以冲积扇-扇三角洲-湖泊沉积为主。

SQn$_1^4$ 为 SQt 沉积后至强烈断陷期之间的过渡阶段,由于此时构造活动相对稳定,并未出现大规模的湖盆沉降,其可容空间相对较小,同时沉积物供给相对充足,造成该层序进积作用明显,对下部 SQt 有着强烈侵蚀、夷平作用,因而使得该时期古地貌相对平缓,这也解释了该层序在全区分布稳定,均为扇三角洲-湖泊沉积类型的原因。

SQn$_1^{1\sim3}$-SQn$_2$ 中晚期,贝尔凹陷整体处于断陷快速沉降阶段,断陷规模逐步扩大,直至发展到顶峰。湖盆持续沉降造成了沉积物供给远小于可容空间增加速率,使得湖泛特征十分明显,湖相暗色泥岩广泛分布,主要发育浅湖、滨浅湖及滑塌浊积扇沉积体系;SQn$_2$ 沉积末期,断陷规模缩小,并开始逐渐向拗陷阶段转化,多个次级断陷逐渐统一为同一个沉降中心,盆地开始向拗陷盆地转化,尽管如此,该时期湖平面位置仍相对较高,沉积物供给明显不足,以饥饿性沉积作用为主。

2.5.2　古气候对层序形成的影响

气候变化控制了大气降水量与湖水蒸发量,一定程度上影响着湖盆内部水体容量的多少,进而对湖盆可容空间的变化起着重要的作用。总体来看,SQt-SQn$_1^4$ 气候条件为半潮湿条件,流入湖盆的水量较为充足,沉积物质供应充分,冲积扇-扇三角洲-湖泊沉积发育;SQn$_1^{1\sim3}$-SQn$_2$ 时期,气候由半潮湿向潮湿过渡,湖盆水体不断加深,湖相沉积为该时期最主要的沉积类型。

此外,更高级别的气候变化表现出周期性,一般受米兰科维奇周期控制,米兰科维奇气候变化对层序的控制作用更多地体现在其对中期、短期基准面旋回层序的控制(图2.38)。

2.5.3　物源供给对断陷湖盆层序的影响

断陷湖盆物源的性质在不同的构造发育阶段会产生变化,即使单个构造发育阶段内,处于不同构造位置的物源性质也存在差异,如在断陷高峰期的陡坡带,一般多见近物源堆积的扇三角洲和近岸水下扇集中发育,缓坡带则以扇三角洲为主。贝中地区 SQn$_1^4$ 沉积时期,东西靠近边界断层,物源临近,广泛发育扇三角洲沉积,而东北部希 11 井-希 9 井一带,物源位置较远,更多地表现出辫状河三角洲沉积特征。此外,多向物源的沉积物又可在汇集处叠置、交叉、切割,形成了极为复杂的古沉积面貌,贝中油田希 2 井区在南屯组沉积时期,分别有东、南及西南方向物源交替汇入,使得该区域储层条件较为复杂,油藏类型以岩性油藏为主。

2.5.4　湖平面的变化控制层序的形成

湖平面的变化是构造沉降、气候变化等因素的综合反映,对于断陷湖盆而言,湖平面被近似地视为基准面。SQn_1^4 时期湖盆规模有限,湖平面位置较低(图 2.38),以进积式准层序组为主,由于可容纳空间增加速率相对沉积物供给速率较小,多形成侵蚀冲刷面,该层序高位期扇三角洲沉积十分发育。其后进入强烈断陷期,湖平面持续上涨至 SQn_2 晚期,在湖平面增高的过程中,可容纳空间增长速率远大于物源供给速率,主要形成退积式准层序组,其沉积面貌也发生较大改变,以近岸水下扇-深湖沉积为主。

第3章 储层沉积相分析

贝尔凹陷在下白垩统沉积时期,经历了初始张裂断陷阶段、断陷活动相对稳定阶段、断陷快速沉降阶段和断陷萎缩阶段。气候变化经历了干旱—半干旱—湿润潮湿阶段。晚侏罗世及早白垩世期间,由于区域性热拱升作用引发的基底强烈抬升与剥蚀作用,同时伴随强烈的张性断裂活动,使得基底在不同断块发生具明显差异性的升降、掀斜作用,形成一系列同向排列的地堑、地垒及箕状断陷。铜钵庙组沉积时期,为贝尔凹陷的初始断陷阶段,断陷范围相对较小,铜钵庙组在贝尔凹陷广受剥蚀,残留地层厚度相对塔南-南贝尔明显变薄,各区域分布范围不一,以扇三角洲沉积为主。本次研究表明:SQn_1^4作为贝尔凹陷的主力含油层系,它为铜钵庙组剥蚀后和南屯组强烈断陷期之间的相对平静期沉积,全区分布稳定,均表现出扇三角洲-湖泊沉积类型特征。南一段沉积中、后期至南二段沉积晚期,贝尔凹陷整体处于断陷快速沉降阶段,断陷规模进一步扩大,断陷发展到顶峰时期,范围扩大,湖泛特征十分明显,湖相暗色泥岩广泛分布,主要发育湖泊、近岸水下扇等沉积类型;至南二段沉积晚期,随着贝尔凹陷断陷规模逐渐萎缩,盆地开始向拗陷盆地转化,但湖相沉积仍为该时期最主要的沉积类型。

3.1 沉积相标志

相标志是沉积环境和沉积相鉴别的主要依据,主要由三个方面的内容组成,即地质、测井和地震。地质资料尤其岩心分析是沉积相研究中的基础,测井标志及地震标志则是辅助,后两者具体特征将在3.2节结合具体沉积类型加以说明。

对贝尔凹陷48口取心井的系统观察描述,依据岩石类型、沉积构造、泥岩颜色、粒度等,建立南屯组、铜钵庙组沉积类型划分标志体系。

3.1.1 岩石类型

1. 砾岩

砾岩在贝尔凹陷南屯组及铜钵庙组十分发育,反映研究区毗邻断陷盆地边缘,物源供给丰富。按其形成机理的不同主要分为两种类型。

1）颗粒支撑砾岩

砾石多具一定磨圆,颗粒支撑,孔隙式胶结。多见砾石呈叠瓦状排列,反映定向水流作用,为典型牵引流沉积,主要形成于扇三角洲平原分支河道及扇三角洲前缘水下分支河道沉积[图 3.1(a)]。

（a）颗粒支撑砾岩希16井,
2 679.60 m, SQn$_1^4$

（b）杂基支撑砾岩希15-71井,
2 536.0 m, SQn$_1^{1-3}$

（c）长石岩屑砂岩希03-61井,
2 437.7 m, SQn$_1^4$

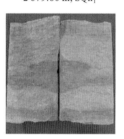

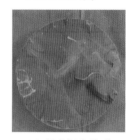

（d）凝灰质砂岩、含油不均
希3井, 2 416.2 m, SQn$_1^4$

（e）凝灰质粉砂岩希15井,
2 989.38 m, SQn$_1^4$

（f）黑色泥岩希2井,
2 135.6 m, SQn$_2$

图 3.1 贝中油田南屯组岩石类型

2）杂基支撑砾岩

砾石多呈棱角状或次棱角状,分选差,混杂堆积,泥质含量高,砾石往往呈漂浮状分布,反映物源充分且堆积迅速的沉积特点,可能代表了近岸水下扇等重力流沉积[图 3.1(b)]。

2. 砂岩

研究区砂岩主要为岩屑砂岩和长石岩屑砂岩[图 3.1(c)]。砂岩成分和结构成熟度均比较低,反映其距物源区比较近,沉积迅速的特点。

3. 凝灰质砂岩

凝灰质砂岩的颜色主要有浅灰白色、灰白色、灰绿色,具有碎屑结构,除石英、长石外,岩屑主要是火山岩岩屑[图 3.1(d)]。火山碎屑多为一些比较细小的玻屑、晶屑和岩屑,反映受火山作用和沉积作用的双重控制。

4. 粉砂岩

粉砂岩粒度为 0.01～0.1 mm,分选性较好。贝尔凹陷粉砂岩在扇三角洲前缘、滨浅湖及近(远)岸水下扇扇缘等沉积类型中均不同程度发育,其指相意义不大。研究区粉砂岩多为薄层状,不同的沉积环境伴生了不同的层理构造,如扇三角洲前缘席状砂常见反映较弱水动力条件的斜波状层理[图 3.1(e)]。

5. 泥岩

贝尔凹陷泥岩主要有灰绿色、深灰色及黑色等颜色,总体反映了弱还原-还原的沉积环境[图 3.1(f)]。其中,灰绿色、灰色泥岩一般代表弱还原、低能的水下环境,多出现于三角洲前缘沉积,部分岩心中可见植物碎屑及炭屑,代表潮湿气候条件下的湿地环境;深灰色及黑色泥岩体现了还原-强还原的低能环境,通常指示半深湖-深湖等沉积环境。

3.1.2　沉积构造

1. 冲刷、充填构造

冲刷、充填构造在贝中油田扇三角洲沉积中广泛存在,多与水下分支河道的进积、改道相关,其充填物一般为较粗的组分,如砾岩、砂砾混杂等,分选性较差[图 3.2(a)]。

2. 层理构造

层理构造主要发育平行层理、波状层理、槽状交错层理及粒序层理等类型。

1) 平行层理

平行层理通常发育于砂岩、砂砾岩中,反映急流及能量高的水动力条件,如扇三角洲水下分支河道[图 3.2(b)]。

2) 波状层理

波状层理主要由粉砂岩、粉砂质泥岩互层构成,反映较弱的水动力条件。研究区该层理主要发育在相对远缘处,其供砂条件相对不足,如扇三角洲前缘席状砂、远砂坝及滨浅湖砂坝沉积中[图 3.2(c)]。

（a）冲刷面，希03-61井，　　（b）平行层理希斜1井，　　（c）波状交错层理希47-47　　（d）楔状交错层理希47-47
2 440.5 m，SQn$_2$　　　　2 908.91 m，SQn$_1^4$　　　井，2 606 m，SQnn$_1^4$　　井，2 655 m，SQnn$_1^4$

（e）粒序层理希15井，　　（f）揉皱构造贝59井，　　（g）泥岩撕裂屑霍3井，　　（h）植物茎希斜1井，
2 604 m，SQn$_1^{1\sim3}$　　　2 137.88 m，SQn$_2$　　　1 652.63 m，SQn$_2$　　2 894 m，SQnn$_1^4$

图 3.2　贝尔凹陷南屯组沉积构造

3）槽状交错层理

反映较强的水动力条件，研究区以楔状交错层理[图 3.2（d）]、小型槽状交错层理最为发育，主要见于研究区扇三角洲前缘水下分支河道沉积中。

4）粒序层理

粒序层理可进一步分为正粒序与逆粒序，内部无明显纹层。贝尔凹陷粒序多以含细粒基质为特征，反映浊流沉积类型。研究区该类层理在远岸水下扇沉积中较为常见，其底部常伴随出现冲刷面[图 3.2（e）]。

3. 变形构造

1）揉皱构造

沉积物未完全固结时由于重力作用而发生滑动，造成形变、揉皱等现象，反映重力流的成因机制，在研究区的近岸水下扇扇缘以及前扇三角洲重力流沉积中发育此沉积构造[图 3.2（f）]。

2）泥质撕裂屑

泥质撕裂屑为另一重力流成因机制的沉积构造，发育于砂岩、泥岩混层中，其泥质沉积物由于受上覆砂质沉积物的压力不均匀而挤入上部砂质沉积层中，或未固结的泥质沉积受侵蚀、搅动下形成，反映深水沉积物快速堆积，流体流动速度快而极易形成同生变形的特点[图 3.2(g)]。

4. 植物碎屑

黑色块状泥岩中的植物碎屑等,代表潮湿气候条件下的湿地环境[图 3.2(h)]。

3.1.3 粒度分析

贝尔凹陷南屯组粒度概率曲线具多种类型,分别为低斜率两段式、高斜率两段式及三段式、双跳跃组分多段式、上供弧形式。

低斜率两段式粒度分布宽,分选较差,跳跃次总体较为发育,多为细砂岩-粗砂岩,体现近源扇三角洲前缘水下分支河道沉积[图 3.3(a)]。

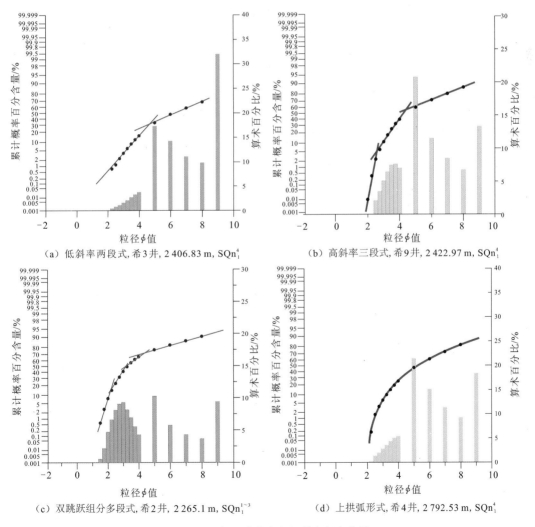

（a）低斜率两段式,希3井, 2 406.83 m, SQn$_1^4$

（b）高斜率三段式,希9井, 2 422.97 m, SQn$_1^4$

（c）双跳跃组分多段式,希2井, 2 265.1 m, SQn$_1^{1~3}$

（d）上拱弧形式,希4井, 2 792.53 m, SQn$_1^4$

图 3.3 贝尔凹陷南屯组组累积概率曲线

高斜率两段式及三段式,粒度分布窄,以粉砂岩、泥质粉砂岩、细砂岩为主,分选良好,反映扇三角洲前缘近河口区水下分支河道、席状砂及滨浅湖砂坝等沉积类型[图3.3(b)]。

双跳跃组分多段式,线段坡度较陡,说明分选良好,具双跳跃组分,反映河流与湖泊的双重作用[图3.3(c)]。

上供弧形式,以上供一段式为主,多由颗粒大小混杂而基本未经分选的不等粒砂岩组成,悬浮次总体尤为发育,表现出浊流型的较细粒悬浮沉积图式[图3.3(d)]。

研究区贝28井、希3井及希2井 C-M 图显示:QR 段发育,RS 段较短,反映重力流和牵引流皆有的水动力机制,代表近岸快速堆积的沉积特征(图3.4)。

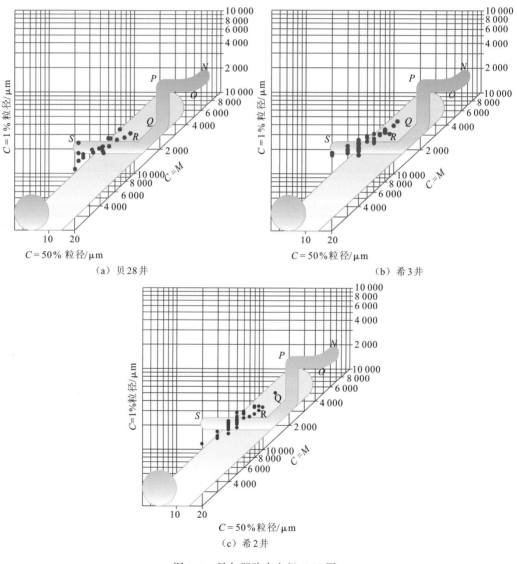

（a）贝28井　　　　　　　　　（b）希3井

（c）希2井

图3.4　贝尔凹陷南屯组 C-M 图

3.2　主要储层沉积类型及特征

通过对贝尔凹陷南屯组和铜钵庙组 48 口取心井的系统观察描述,依据沉积的旋回性、泥岩颜色、沉积构造、粒度分析等,充分结合测井相及地震相特征,在贝尔凹陷共识别出扇三角洲、近岸水下扇、远岸水下扇、湖泊等沉积类型。其中,$SQt-SQn_1^4$ 主要发育扇三角洲-远岸水下扇-湖泊沉积体系;$SQn_1^{1\sim3}-SQn_2$ 主要发育近岸水下扇-远岸水下扇-湖泊沉积体系。

3.2.1　扇三角洲

扇三角洲沉积主要在湖泊短轴方向上发育,距物源区近,供给丰富。研究区扇三角洲主要发育于铜钵庙组至南一段 IV 油组($SQt-SQn_1^4$)沉积期,是本区最重要的沉积类型,集中分布在紧邻贝尔凹陷控陷断裂一带,如在贝中凹陷西侧边界断层附近希 3 井、希斜 1 井等井区。

1. 典型沉积特征

1）反映浅水-较深水环境的岩性特征

贝尔凹陷扇三角洲主要由绿灰色及浅灰色含砾砂岩、砂岩、凝灰质泥岩、粉砂岩与黑灰色粉砂质泥岩、泥岩互层组成,其中扇三角洲前缘和前三角洲泥岩以黑色、灰色为主,以上岩性特征反映出浅水弱还原至较深水还原环境。例如,希 55-51 井 SQn_1^4,2 510~2 530 m 井段岩性组合为大套粗碎屑沉积夹薄层灰绿色粉砂质泥岩,代表浅水环境的泥质沉积,是浅水快速堆积的产物。

2）成分和结构成熟度特征

贝尔凹陷 $SQt-SQn_1^4$ 砂岩主要为岩屑砂岩和长石岩屑砂岩,少量岩屑长石砂岩。砂岩碎屑组分包括石英、岩屑和长石,以岩屑为主,其次为长石和石英。该时期砂岩成分和结构成熟度均比较低,反映其距物源区比较近、沉积迅速的特点,为扇三角洲沉积类型的判断提供了重要证据。

3）沉积构造

通过岩心观察,研究区扇三角洲既发育反映牵引流水动力机制的冲刷构造、透镜状层理、平行层理、波状层理、交错层理、楔状交错层理、槽状交错层理,也有反映重力流机制的揉皱构造及泥岩撕裂屑等沉积构造,此外研究区岩心中常见植物碎屑,同样反映了浅水-较深水沉积环境。

4）地震相特征

扇三角洲的地震相特征主要取决于其砂体规模、叠加方式、空间展布和地貌特点。

扇三角洲平原的地震反射振幅低,连续性一般较差,多表现为向湖盆方向逐渐加厚的楔形;扇三角洲前缘和前扇三角洲的反射连续性变好,其反射结构类型多样,以前积反射最为典型,如在贝中东部希14井-希12井一线,南屯组地震反射特征为楔状前积反射(图3.5)。

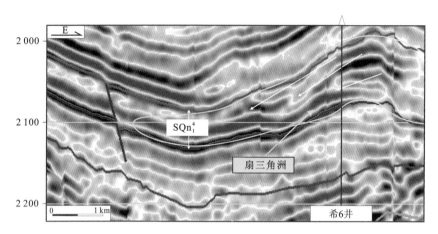

图3.5　贝尔凹陷南屯组扇三角洲地震相标志

2. 主要微相类型

贝中地区扇三角洲前缘亚相广为发育,其微相类型主要有水下分支河道、河口坝、溢岸砂、远砂坝、前缘席状砂以及水下分支河道间。研究区扇三角洲平原沉积较为少见,仅在东部希6井一带个别层位有所保留,而前扇三角洲与滨浅湖沉积稳定交替,较难区分。

1) 水下分支河道微相

水下分支河道是扇三角洲前缘亚相中主要微相类型,为贝中油田油层的主力砂体。水下分支河道是水上河道向水下延伸分叉后形成的河道,在向湖推进过程中,流速减慢,分叉及摆动频繁,因此沉积物纵横向非均质性很强,平面上呈条带状展布,剖面上砂体呈顶平底凸的透镜状,水道中心沉积较厚,向两侧或前方减薄。水下分支河道微相岩性组合主要为砂质砾岩、含砾砂岩和细砂岩,其间夹薄层深灰色泥岩。该沉积类型砂、砾岩含量一般大于60%。沉积构造类型丰富,可见平行层理、楔状交错层理、板状交错层理等,水下分支河道底部多发育冲刷面,局部见揉皱构造,总体反映水动力条件频繁交替的沉积特征。其自然伽马曲线呈中-高幅的钟形及复合钟形或箱形(图3.6)。

2) 河口坝微相

与正常三角洲相比,河口坝发育相对有限,其范围和规模较小,但含砂量一般较高,主要由分选好的细砂和粉砂岩组成,发育槽状、波状层理,总体岩石粒度比河道细,分选较好。河口坝位于水下分支河道的前方,为岸进湖退进积式沉积的结果,较粗的沉积物往往覆盖在较细的沉积物之上,因此形成反韵律的剖面特征。自然电位及自然伽马曲线呈典型的中-低幅微齿化漏斗型,孔隙度和渗透率呈明显的反韵律特征。

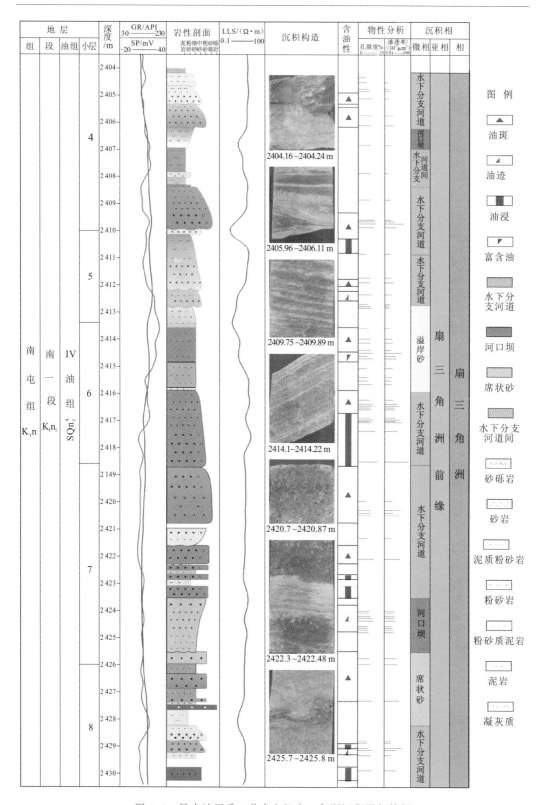

图 3.6　贝中油田希 3 井南屯组扇三角洲沉积微相特征

火山活动背景下断陷湖盆优质储层形成机制——以海拉尔盆地贝尔凹陷为例

3) 溢岸砂微相

溢岸砂发育于水下分支河道的侧缘,为河道洪水泛滥期,河道内的细粒物质随洪水一起越过水道,在水道间的低洼地带沉积的细粒沉积体。粒序上常为正韵律或复合韵律,发育平行层理、小型交错层理。自然电位曲线为漏斗形、指形等。

4) 远砂坝微相

远岸水道在向湖逐渐推进的过程中,当河道发生最后一次分叉,在其河口分叉处形成远端砂坝后,河道能量逐渐减弱,湖水能量逐渐增强,使河口砂坝受到改造并重新分布,形成远砂坝。由于是在河口坝的基础上发育而成,因此发育下细上粗反韵律,自然电位及自然伽马曲线呈典型的中-低幅漏斗形,与河口坝相比形状相似,幅度变小,孔隙度、渗透率呈反韵律特征。

5) 前缘席状砂微相

前缘席状砂主要发育斜波状层理、低角度小型交错层理及水平层理粉砂岩,呈砂泥互层特征,单韵律层厚 $0.5\sim1.0$ m,底部弱冲刷。电测曲线呈指形、低幅钟形、锯齿形组合。

6) 水下分支河道间微相

水下分支河道间是水下分支河道之间相对低洼的地区,当三角洲向前推进时,在分流河道间形成一系列尖端指向陆地的泥质沉积体,以黏土沉积为主,含少量的粉砂,发育水平层理。自然伽马一般接近泥岩基线,但由于多夹薄层粉砂岩,因而具有一定的幅度。

3.2.2　近岸水下扇

在陆相断陷湖盆中,由于湖盆面积较小,入湖的扇体规模较大,常可从斜坡延至湖底,在近岸水下扇相被单独定义前,常把这类扇体统称为湖底扇。目前,沉积学界已明确给近岸水下扇定义:所谓近岸水下扇,是指扇体整体均匀形成于水下,而没有陆上部分,其物源是通过水下河道或水下峡谷将沉积物带到湖底形成的一类扇体。近年来,通过大量的层序地层学研究发现,在断陷湖盆中,半地堑的陡坡和缓坡均有形成近岸水下扇体的条件,但大多数见于陡坡带。隋风贵在对东营凹陷永北地区沉积层序研究过程中,总结了一套工区的水下扇沉积模式。

在贝尔凹陷,近岸水下扇与半深湖-深湖相直接接触,上下与暗色泥岩接触,以重力流机制为主,常见砾石混杂堆积,其主要相标志如下。

1. 反映较深水环境的岩性特征

主要发育在 $SQn_1^{1\sim3}$ 和 SQn_2,通过岩心的观察描述,本区近岸水下扇岩心特征大部分体现了以碎屑流为主的重力流成因机制的岩相特点。例如,希 8 井南二段以辫状沟道为特征的中扇亚相尤为发育,由块状砂砾岩与灰色泥岩不等厚互层,砾岩混杂堆积,分选极差(图 3.7)。近岸水下扇缺少水上沉积部分,剖面上常表现为块状砂砾岩、含砾砂岩与

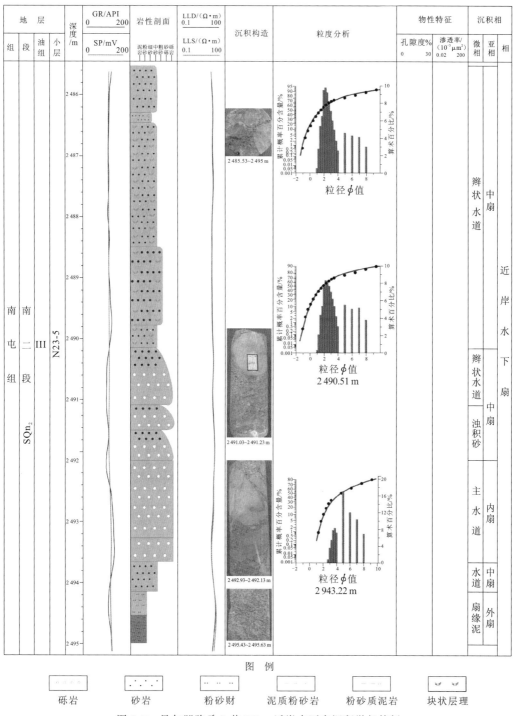

图 3.7 贝尔凹陷希 8 井 SQn₂ 近岸水下扇沉积微相特征

灰黑色泥页岩间互出现,表明其形成于半深湖-深湖相的较深水沉积环境中。向湖盆中心方向,块状砂岩、滑塌岩减少,而典型浊积岩逐渐增加。

2. 成分和结构成熟度特征

贝尔凹陷近岸水下扇沉积中砾岩成分复杂,大小不均,砾石排列杂乱,颗粒支撑、基质支撑均发育。砾石一般呈块状层理,泥质含量高,砾石呈漂浮状且分选、磨圆均较差,呈棱角状或次棱角状,反映物源充分快速堆积的特点。

3. 沉积构造

研究区近岸水下扇砾岩、砂砾岩厚度大,多呈块状层理及粒序层理,主要发育反映重力流水动力机制的揉皱构造、包卷层理、泥岩撕裂等同生变形构造,与牵引流相关的层理构造相对少见。

4. 地震反射特征

近岸水下扇的地震相一般表现为楔状杂乱反射结构,多沿控盆断裂分布。在本工区近岸水下扇因沉积欠补偿作用而造成地震反射结构特征不明显,如在希10井附近的地震剖面中,除在控陷断层根部有杂乱地震相,对应近岸水下扇体沉积外,沉积中心部位则对应的是高频、高连续、亚平行地震相(图3.8)。

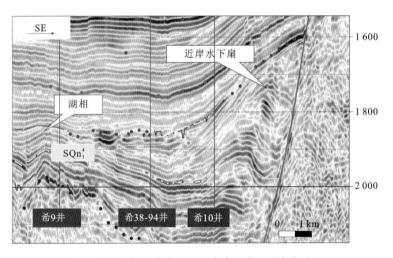

图 3.8 贝尔凹陷南屯组近岸水下扇地震相标志

3.2.3 远岸水下扇

远岸水下扇又称湖底扇、远岸滑塌扇,是断陷湖盆中一种重要的沉积类型,由于其主要在深湖沉积环境中发育,直接接触深湖相暗色泥岩,因而成藏条件较好。湖底扇(浊积)砂岩一般包含在湖泊相泥岩中,在测井资料中,浊积岩一般夹在大套的湖相泥岩中,自然伽马测井曲线一般表现为钟形等形态特征;在岩心中,一般表现为递变层理。例如,希 12 井 SQn$_2$ 岩心表现为黑色泥岩夹薄层砂岩,测井曲线上表现为弹簧状(图 3.9),见粒序层理、变形层理、砂岩中的泥岩撕裂屑,砂泥岩互层以及压实变形构造,暗色泥页岩顶部可见冲刷构造,鲍玛序列 A、C、E 发育。湖底扇一般分为内扇、中扇和外扇,深水沉积,浊流沉积发育为其最重要特征。

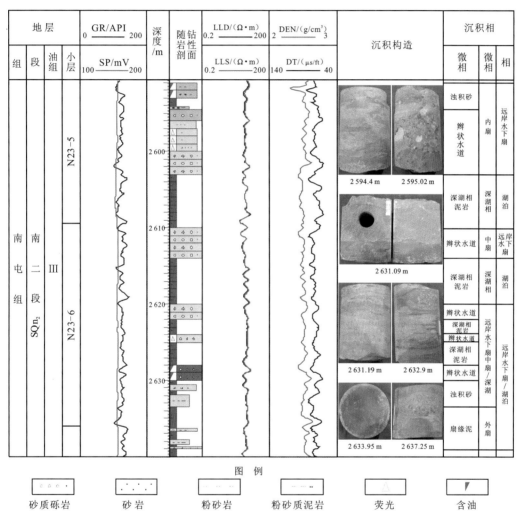

图 3.9 贝尔凹陷希 12 井 SQn$_2$ 远岸水下扇沉积微相特征

3.2.4 湖泊

湖泊沉积在贝尔凹陷南屯组各时期均有发育。其中,在开阔湖岸的滨湖区,陆源碎屑物质受波浪冲洗、改造而形成滩砂和坝砂两种砂体类型,前者分布范围广但沉积厚度薄,后者发育范围有限但厚度较大,横剖面多为对称透镜状砂体。贝尔凹陷南屯组沉积时期,控陷断层对凹陷的古地理格局控制作用较为明显,随着断陷作用的增强,浅湖逐渐向半深湖-深湖环境转化。

1. 泥岩颜色及岩性特征

根据岩心观察及录井资料,泥岩颜色主要为深灰色、灰黑色,反映半深湖-深湖的沉积环境。岩性较细,主要发育细砂岩、粉砂岩、泥质粉砂岩及泥岩。受湖浪冲刷的影响,分选、磨圆较好,结构成熟度较高。

2. 沉积构造

滨浅湖相水体比较平静,但湖浪作用较强,一般发育透镜状层理、波状层理、水平层理等沉积构造。

3. 粒度分析

粒度概率曲线发育二段式和三段式,跳跃组分比较发育,反映湖相分选较好的沉积机制。

3.2.5　扇三角洲、近岸水下扇及远岸水下扇发育机理

贝尔凹陷沉积体系分析表明,扇三角洲、近岸水下扇及远岸水下扇均有着粗碎屑堆积的物质表现形式,较易混淆。但是这三种沉积类型各自不同的发育机理导致了其沉积表现形式的差异。

在贝尔凹陷沉积体系研究的基础上,本书重点分析了三种沉积相类型岩性组合、泥岩特征、原生构造类型、结构(分选、磨圆、结构成熟度等)、发育位置、展布特征、粒度分析、地震反射结构8个方面的沉积特征外在表现,通过对其形成条件的探求,解析不同沉积类型发育机理的异同(表3.1)。

表 3.1　贝尔凹陷扇三角洲、近岸水下扇、远岸水下扇发育机理对比

		扇三角洲	近岸水下扇	远岸水下扇
沉积特征外在表现	岩性组合	平原亚相:砾岩、砾状砂岩;前缘:含砾砂岩、砂岩粉砂岩、泥岩;前扇三角洲:灰、黑色泥岩。代表井段:希3井,SQn_1^4	扇根:混杂的块状砾岩、递变层状砾岩;扇中:砾状砂岩、块状砂岩;扇缘:具似鲍玛序列的浊积岩。代表井段:希16井,SQn_2	内扇:混杂砾岩和砂岩;中扇:较细的浊积岩组合;外扇:薄层粉细砂岩与深灰色泥岩的互层。代表井段:希2井,SQn_2
	泥岩颜色	色浅质杂	色深质纯	色深质纯
	原生构造	冲刷-充填构造、递变层理、平行层理、板状和槽状交错层理、波状层理等	粒序层理、块状层理、同生变形构造	粒序(韵律)层理、递变层理、波状层理

续表

		扇三角洲	近岸水下扇	远岸水下扇
沉积特征外在表现	结构	结构和成分成熟度较低,分选较差,前缘亚相分选逐渐变好,粒度变细	砾岩成分复杂,大小不均,砾石排列杂乱,颗粒支撑、基质支撑均发育。扇缘粒度总体上变细,泥岩比例大,见鲍玛序列	内扇水道砾岩混杂或颗粒支撑,天然堤沉积可见鲍玛层序,中扇多具有正递变层理,前端可见经典浊积岩 C、D、E 组合
	发育位置	滨浅湖-半深湖	半深湖-深湖	深湖
	展布特征	扇体展布,砂包泥	扇体展布,砂泥混杂堆积	砂泥互层,朵状分布
	粒度分析	粒度概率图主要为二段式或三段式,斜率较大,部分具双跳跃组分;C-M 图解 QR 段为主,RS 段少量分布	粒度概率悬浮总体比重较大,具一定数量的跳跃和滚动总体;C-M 图表现为急流型牵引流沉积与浅水浊流沉积共存	粒度概率图主要为上供弧形;C-M 图表现出平行于 C=M 的基线,均反映出悬浮总体含量高和快速沉积的特点
	地震反射结构	具有明显的前积反射结构,以"S"形或叠瓦状为主,向湖盆方向收敛	一般表现为楔状杂乱反射结构,多沿控盆断裂分布,偶具小型前积结构	在平行-亚平行反射结构背景中呈透镜状、丘状、扇状杂乱反射
发育机制	流体机制	牵引流为主,重力流伴生	重力流:碎屑流>浊流	浊流为主
	湖盆发育阶段	初始断陷阶段(SQt)构造稳定期(SQn_1^4)	强烈断陷期($SQn_1^{1\sim3}$-SQn_2)	各阶段均有发育(SQt-SQn_2)
	坡折类型	陡坡断阶型坡折带、缓坡断阶型坡折带、断坡式坡折带	陡坡断崖型坡折带、陡坡断阶型坡折带	盆内断阶坡折带、断坡式坡折带
	彼此伴生关系	独立存在,与远岸水下扇伴生	独立存在,与远岸水下扇伴生	与扇三角洲伴生、与近岸水下扇伴生

3.3　贝尔凹陷三级层序格架内沉积相展布及演化

3.3.1　贝尔凹陷三级层序沉积体系展布特征

1. SQt 沉积体系展布特征

SQt 层序在贝尔凹陷局部地区,如贝 40 井、希 5 井地区受到不同程度剥蚀。SQt 层序整体岩性较粗,砾岩、砂岩的分布频率较高,分别从北部、东部和西南部向盆地中心以朵叶状延展,从砂砾岩含量等值线可以看出,该体系域整体岩性较粗,砂地比普遍在 50%

以上(图 3.10),在贝 13 地区和希 55-51 井地区最大,达到 80% 以上。而在贝 53 井-贝 33 井一带,砂地比较低,为 10%~20%,反映扇间洼地沉积。从砂砾岩厚度等值线图可以看出,东北霍 7 井-贝 53 井一带和贝 49 井-德 5 井-贝 D4 一带最厚(图 3.11),达到 80~100 m,而在湖盆中部贝 38 井-贝 3 井和贝 33 井以及西部贝 17 地区,砂砾岩沉积相对较薄,厚度为 10~20 m。

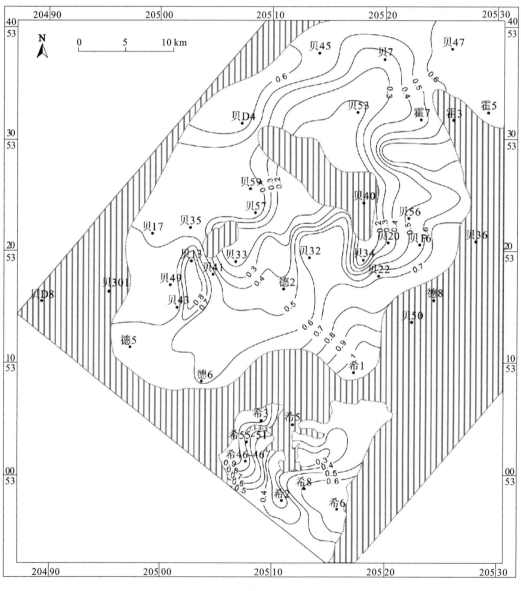

图 3.10　贝尔凹陷 SQt 砂岩含量等值线

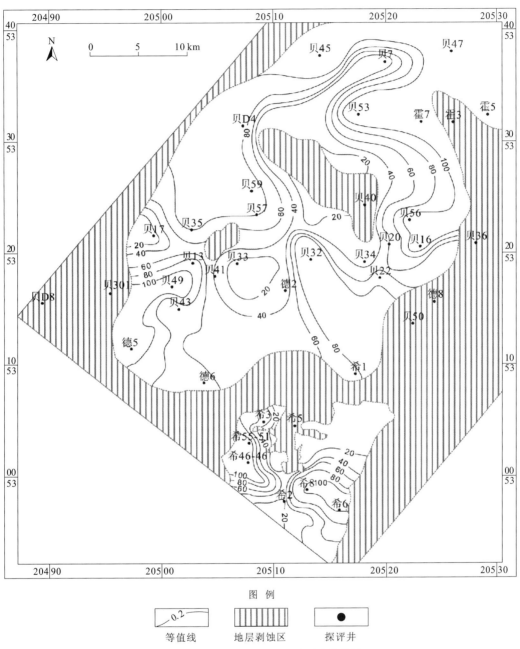

图 例

等值线　　地层剥蚀区　　探评井

图 3.11　贝尔凹陷 SQt 砂岩厚度等值线

在 SQt 沉积时期,火山作用强烈,使得岩石成分复杂,研究区广泛发育凝灰质砂岩、砂砾岩(图 3.12),该时期砂岩成分和结构成熟度均比较低,反映其距物源区比较近,沉积迅速的特点,为扇三角洲沉积类型的判断提供了重要证据。根据上述 SQt 砂砾岩厚度及含量等特征,结合单井沉积相分析结果,认为该时期主要发育扇三角洲–湖泊沉积体系。平面上,由 8 个大小不等的扇三角洲朵叶体构成扇裙组合,分别分布于贝 22 井–贝 32 井、

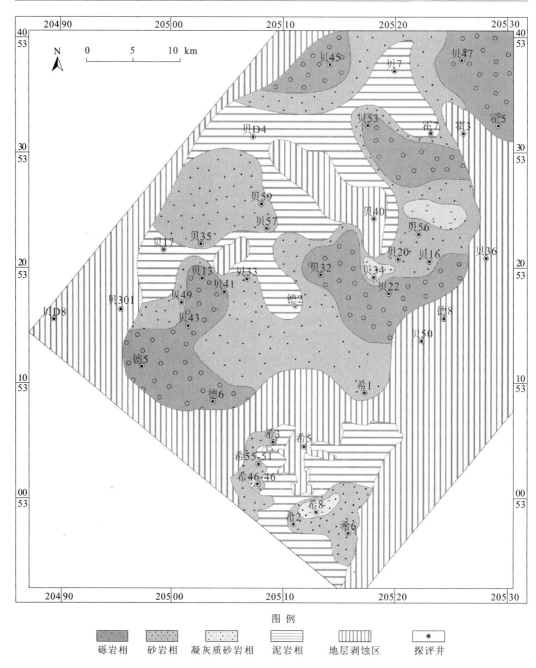

图 3.12　贝尔凹陷 SQt 岩相分布平面图

德 8 井-贝 43 井、贝 35 井-贝 57 井、贝 45 井-贝 53 井、贝 47 井-霍 5 井及贝中希 6 井-希
2 井、希 46-46 井-希 55-51 井等区域（图 3.13）。其中，位于贝 22 井的扇体规模最大，该
扇体延伸较远。在苏德尔特、呼和诺仁及霍多莫尔地区，扇三角洲平原亚相和扇三角洲
前缘亚相均有发育，并沿物源方向进积入湖。在贝中地区，发育两个规模小的扇三角洲，
以扇三角洲前缘亚相为主，扇三角洲平原不甚发育。

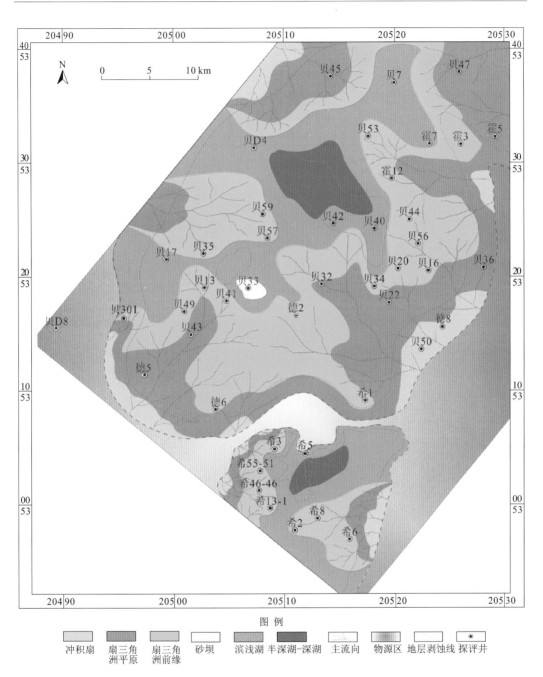

图 例

冲积扇	扇三角洲平原	扇三角洲前缘	砂坝	滨浅湖	半深湖-深湖	主流向	物源区	地层剥蚀线　探评井

图 3.13　贝尔凹陷 SQt 沉积相平面图

2. SQn₁⁴ 沉积体系与演化特征

SQn_1^4 作为贝尔凹陷的主力含油层系，它为 SQt 剥蚀后和南屯组强烈断陷期之间的相对平静期沉积，全区分布稳定，均表现出扇三角洲-湖泊沉积类型特征。该时期泥岩分布相对广泛,但整体上粒度明显变粗,砂岩物性明显变好,砂砾岩分布频率较高,其中南部工区砂砾岩分布范围增加,厚度较大,贝 33 井-贝 39 井一带砂岩厚度达到了 60 m 以上,贝 50 井和贝 53 井一带的砂岩厚度高达 100 m,砂岩含量一般为 60%～80%(图 3.14,图 3.15)。德 6 井一带,与之前 SQt 相比,砂砾岩少见,而泥岩发育相对增加,反映了物源的变迁。SQn_1^4 沉积时期,由于断裂作用变小,地形变缓,盆地大规模发育,火山作用减弱,相对于 SQt,凝灰质砂岩含量有所减少,在贝 20 井和希 8 井有少量分布(图 3.16),对 SQn_1^4 储层存在破坏作用。

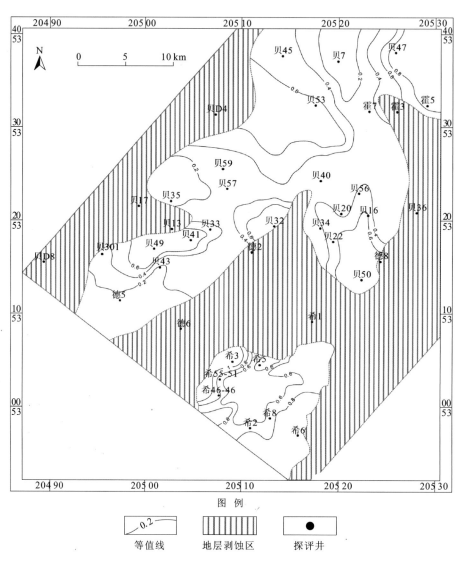

图 3.14　贝尔凹陷 SQn_1^4 砂岩含量等值线

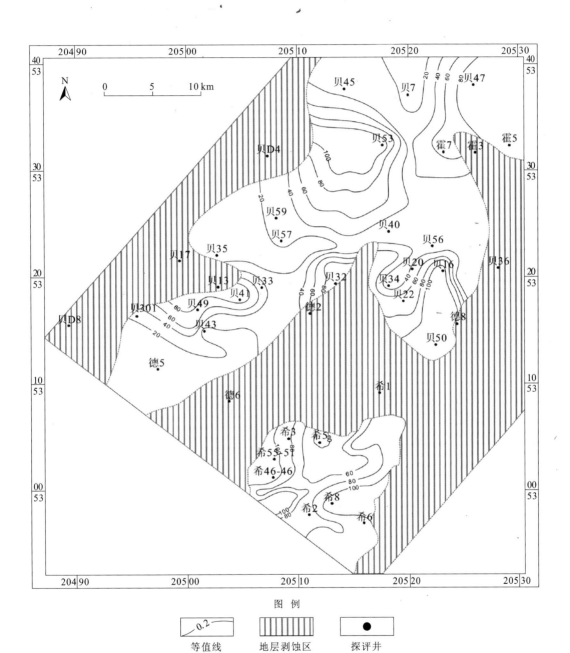

图 3.15　贝尔凹陷 SQn_1^4 砂岩厚度等值线

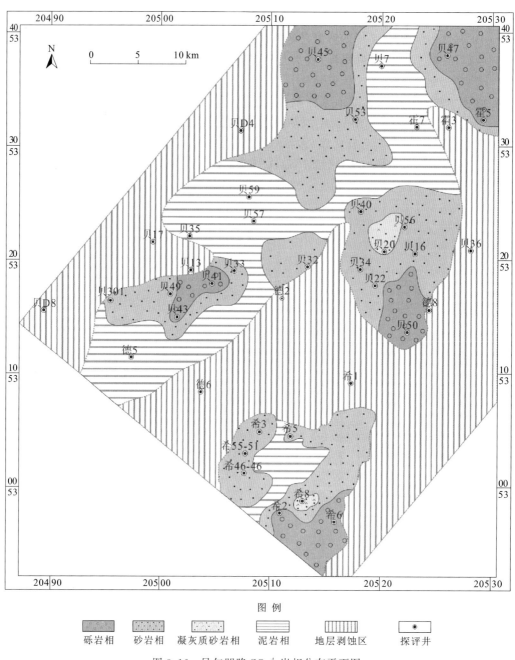

图例

砾岩相　　砂岩相　　凝灰质砂岩相　　泥岩相　　地层剥蚀区　　探评井

图 3.16　贝尔凹陷 SQn_1^4 岩相分布平面图

　　SQn_1^4 沉积时期，总体上湖平面位置较低，可容纳空间较小，地形变缓，贝尔凹陷整体以沉积扇三角洲-辫状河三角洲-滨浅湖沉积体系为主(图 3.17)，贝中地区与铜钵庙组时期相比，开始发育扇三角洲平原亚相，显示湖退水进的变化趋势。此外，在希 2 井一带开始发育湖底扇沉积，显示断陷作用的不断加强。辫状河三角洲在该时期仍较为少见，主要分

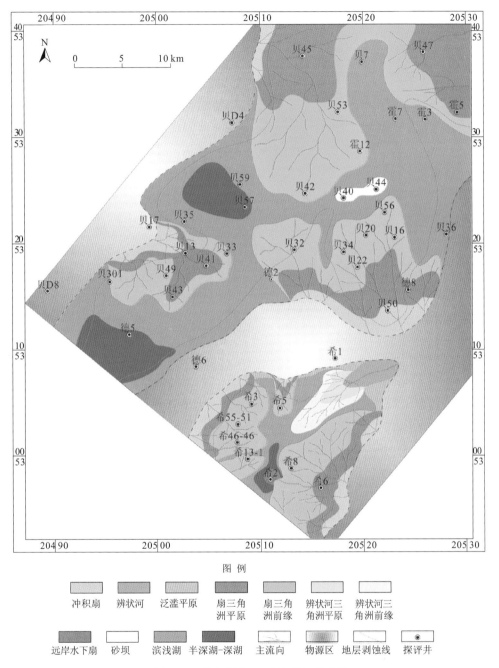

图 3.17 贝尔凹陷 SQn$_1^4$ 沉积相平面图

布在物源距离相对较远的希 11 井地区,可见少量的辫状河三角洲平原和前缘亚相沉积。而苏德尔特地区贝 50 井方向扇三角洲沉积相对减小,连片沉积现象消失,在贝 13 井–贝 41 井方向出现扇三角洲前缘沉积,贝 45 井方向的扇三角洲平原亚相继续发育,以指状向盆地中心延展。贝 57 井和德 5 井一带以深湖–半深湖沉积为主,反映沉积中心所在。

3. SQn$_1^{1\sim3}$沉积体系展布特征

SQn$_1^{1\sim3}$沉积时期,贝尔凹陷逐步进入快速断陷期,断陷规模逐步扩大,湖盆范围显著增大,湖泛特征十分明显,湖相暗色泥岩广泛分布,主要发育浅湖、滨浅湖及滑塌浊积。该时期岩性变细,由于发育近岸水下扇沉积,砂砾岩分布频率有所增长,总砂岩厚度减小,在工区中部的砂岩厚度普遍在40～60 m,在贝53井、霍9井及贝56井-贝34井一带厚度增加到100 m,而在呼和诺仁地区贝302井及德5井地区厚度相对较小,为20 m左右,其砂砾岩含量为20%～60%(图3.18),在贝中地区,砂岩厚度多数在20～80 m(图3.19)。随着火山作用的继续减弱,凝灰质砂岩分布持续缩小。

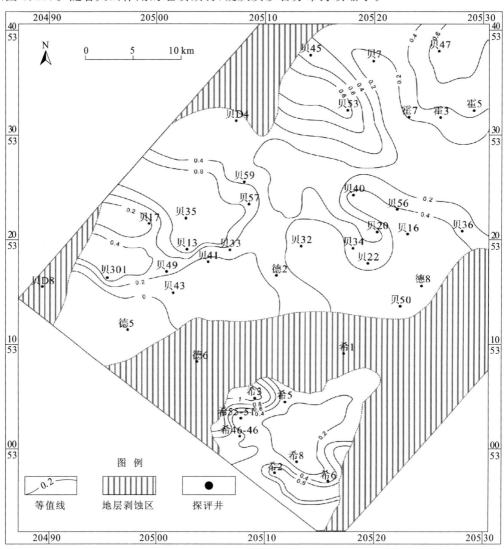

图3.18　贝尔凹陷 SQn$_1^{1\sim3}$ 砂岩含量等值线

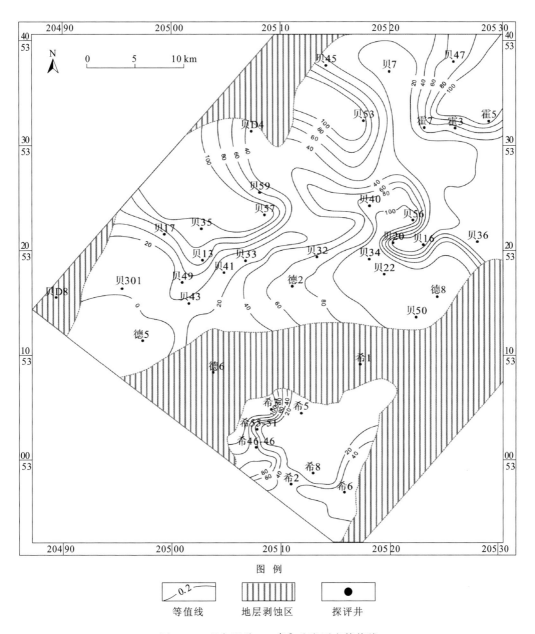

图 例

等值线　　地层剥蚀区　　探评井

图 3.19　贝尔凹陷 $SQn_1^{1\sim3}$ 砂岩厚度等值线

由于湖平面持续上升,进入 $SQn_1^{1\sim3}$ 沉积时期,盆地沉积面貌发生了较大改变,主要发育近岸水下扇沉积。至 SQn_1^1 沉积末期,凹陷普遍发育大片泥岩(图 3.20),反映湖侵范围之广。在呼和诺仁-苏德尔特-霍多莫尔地区,近岸水下扇体分别从北东、北西和东南方向向盆地中心发育,直接与盆地中心深湖-半深湖相沉积接触(图 3.21)。在贝中地区,希 3 井方向仍残留小规模的萎缩型扇三角洲沉积,而在希 55-51 井-希 46-46 井一带

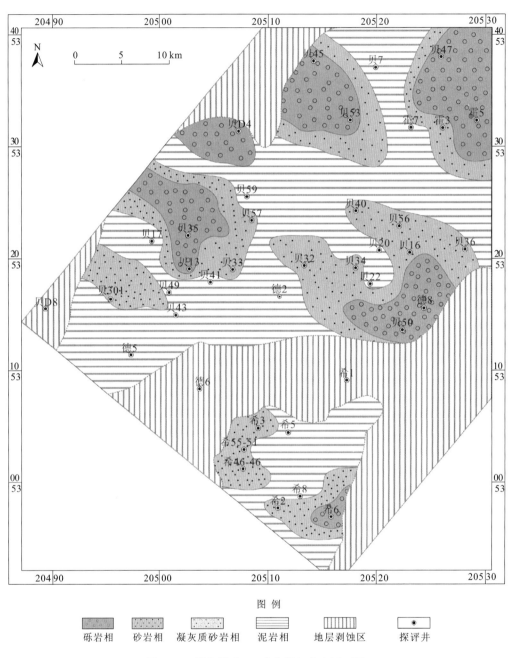

图例

砾岩相　砂岩相　凝灰质砂岩相　泥岩相　地层剥蚀区　探评井

图 3.20　贝尔凹陷 $SQn_1^{1\sim3}$ 岩相分布平面图

发育滨浅湖滩坝沉积。在贝中东南部地区，发育近岸水下扇沉积，在贝中次凹中央希 2 井一带发育小范围的湖底扇沉积。

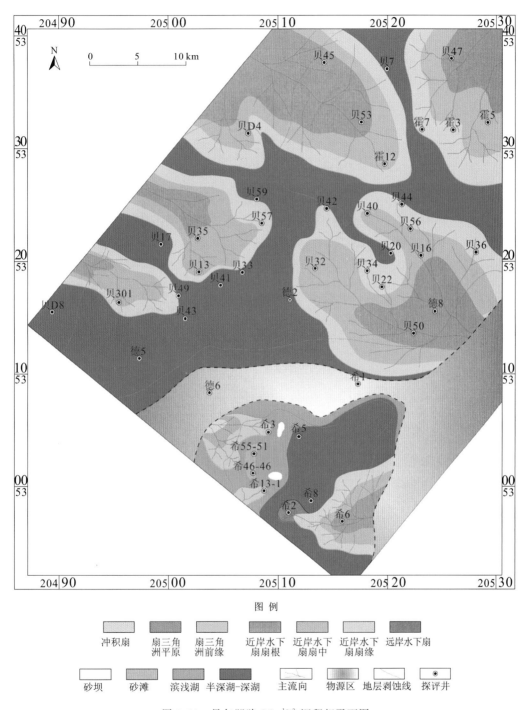

图 3.21　贝尔凹陷 $SQn_1^{1\sim3}$ 沉积相平面图

4. SQn₂沉积体系展布特征

　　盆地进入 SQn₂ 沉积时期,贝尔凹陷继续处于强烈断陷沉降期,至 SQn₂ 沉积中后期断陷发展到顶峰,湖平面上升至最高位置,达到最大湖侵时期。至 SQn₂ 沉积晚期,随着贝尔凹陷断陷规模逐渐萎缩,盆地开始向拗陷盆地转化,但湖相沉积仍为该时期最主要的沉积类型。总体看来,该时期泥岩频率分布持续增加,砂砾岩分布频率减小(图 3.22)。

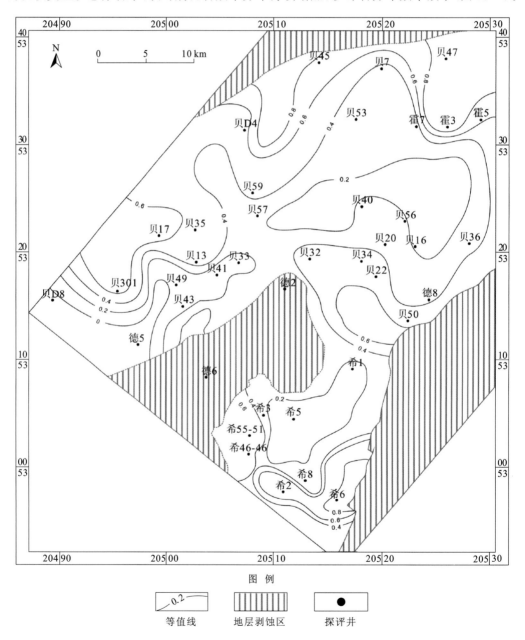

图 例

等值线　　地层剥蚀区　　探评井

图 3.22　贝尔凹陷 SQn₂ 砂岩含量等值线

但由于近岸水下扇沉积异常发育,使得整体砂砾岩厚度反而有所增大,普遍在 40～100 m(图 3.23),其中,贝 301 井–贝 17 井–贝 35 井–贝 59 井–贝 D4 井、贝 32 井–贝 34 井–贝 56 井、霍 3 井–霍 7 井、希 55-51 井、希 2 井–希 6 井等多个地区砂砾岩厚度达到 100 m 以上,而在希 1 井、贝 20 井及贝 D8 井等地区砂砾岩厚度较小,一般为 20 m 左右。该时期砂砾岩含量相对于 $SQn_1^{1\sim3}$ 沉积时期变化不大,多数地区砂砾岩含量仍在 20%～60%,其中工区近物源部分的砂岩含量有所增加,西北部物源和东北部物源方向砂砾岩含量相对增加(图 3.24)。贝中地区希 6 井一带砂岩含量增加到 60% 以上。

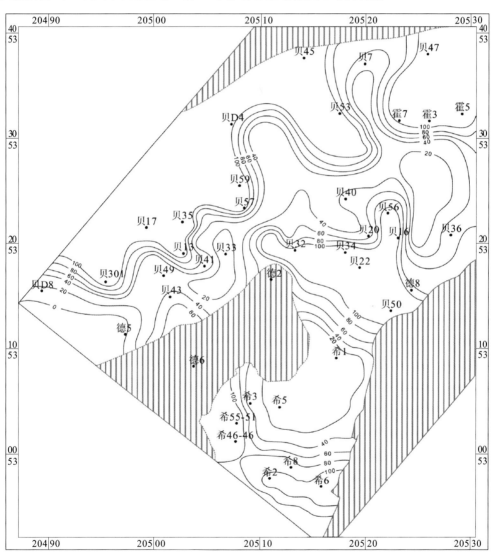

图 3.23　贝尔凹陷 SQn_2 砂岩厚度等值线

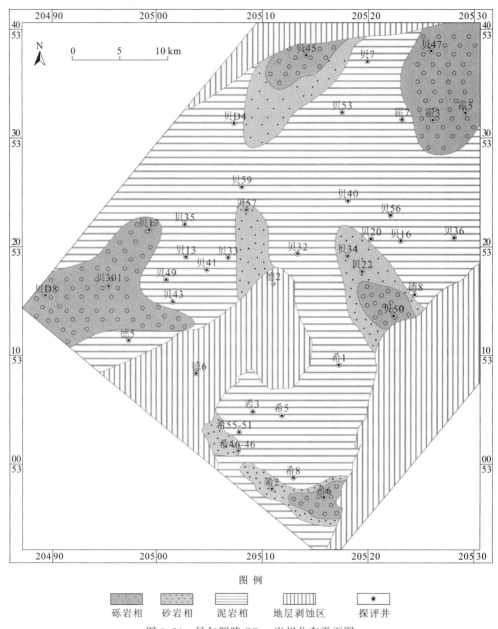

图 3.24 贝尔凹陷 SQn₂ 岩相分布平面图

　　随着 SQn₂ 沉积时期盆地持续湖侵,盆地面积进一步扩大,湖平面持续上升,主要发育远岸水下扇-近岸水下扇-半深湖-深湖沉积体系。该时期最明显的特征是重力流沉积成为主要沉积类型,扇三角洲沉积几乎消失,盆地中心也由滨浅湖沉积转变为半深湖-深湖沉积(图 3.25)。在呼和诺仁-苏德尔特-霍多莫尔地区靠近边界断层的不同位置,分别发育 5 个近岸水下扇扇体,向盆地中心延展。在南部贝中地区,近岸水下扇扇体连片向盆地中心发育,并在盆地中心发育湖底扇沉积。

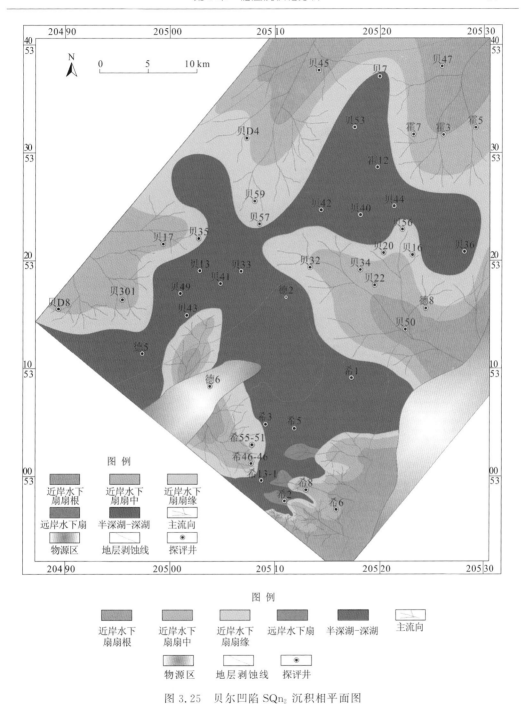

图 3.25　贝尔凹陷 SQn$_2$ 沉积相平面图

3.3.2　贝尔凹陷铜钵庙组、南屯组沉积演化特征

贝尔凹陷在下白垩统铜钵庙组至南屯组沉积时期,其整体处于拉张应力背景下,

经历了初始张裂断陷阶段,断陷活动相对稳定阶段、断陷强烈拉张阶段,断陷快速沉降-逐渐抬升阶段。气候变化经历了干旱-半干旱-湿润潮湿阶段。总体看来,铜钵庙组至南屯组表现为一个水进过程,至晚期开始出现水退过程,但由于广受剥蚀,残留地层有限(图 3.26)。

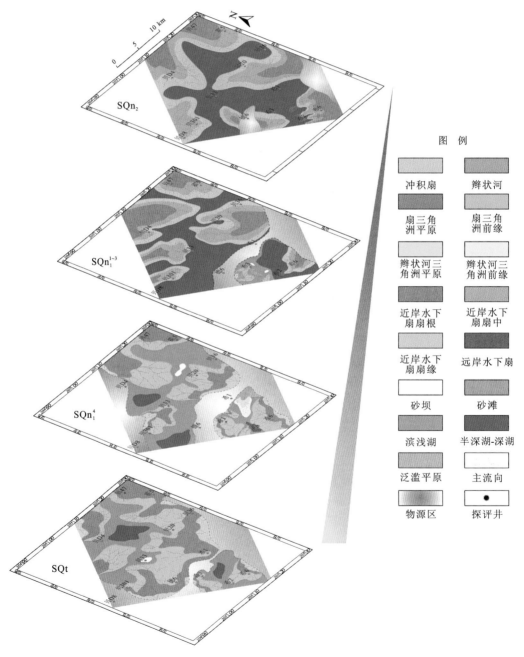

图 3.26　贝尔凹陷铜钵庙组、南屯组沉积演化

SQt 沉积时期为贝尔凹陷断陷作用的初期,断陷范围相对较小,铜钵庙组在贝尔凹陷局部地区,如贝 40 井、希 5 井地区受到不同程度剥蚀,贝中地区铜钵庙组较苏德尔特、呼和诺仁、霍多莫尔地区剥蚀严重。该时期整体岩性较粗,砾岩、砂岩的分布频率较高。由于火山作用强烈,使得岩石成分复杂,研究区广泛发育凝灰质砂岩,砂岩成分和结构成熟度均比较低,反映其距物源区比较近,沉积迅速的特点。铜钵庙组沉积时期主要发育扇三角洲-湖泊沉积体系,扇三角洲平原亚相和扇三角洲前缘亚相均有发育。

盆地进入 SQn_1^4 沉积时期,凹陷整体处于相对平静期,SQn_1^4 全区分布稳定。该沉积时期,湖平面位置相对较低,可容纳空间较小,地形变缓,贝尔凹陷整体以沉积扇三角洲-辫状河三角洲-滨浅湖沉积体系为主,与铜钵庙组时期相比,贝中地区扇三角洲规模有所增大。SQn_1^4 沉积时期,由于断裂作用变小,地形变缓,盆地大规模发育,火山作用减弱,相对于铜钵庙组,凝灰质砂岩含量有所减少。辫状河三角洲在该时期有所发育,但规模及范围均较为有限,主要分布在物源距离相对较远的长轴物源区。

自 $SQn_1^{1\sim3}$ 沉积时期开始,贝尔凹陷逐步进入快速断陷期,断陷规模逐步扩大,湖盆范围显著增大,湖泛特征十分明显。由于湖平面持续上升,进入 $SQn_1^{1\sim3}$ 沉积时期,盆地沉积面貌发生了较大改变,主要发育近岸水下扇沉积直接与盆地中心深湖-半深湖相沉积接触。在贝中局部地区仍残留小规模的萎缩型扇三角洲沉积。随着火山作用继续减弱,湖平面继续上升,在该时期,盆地内凝灰质砂岩逐渐不再发育。

至 SQn_2 沉积时期,贝尔凹陷继续处于强烈断陷沉降期,直至 SQn_2 沉积中后期断陷发展到顶峰。随着 SQn_2 沉积时期盆地持续湖侵,盆地面积进一步扩大,湖平面持续上升,主要发育远岸水下扇-近岸水下扇-半深湖-深湖沉积体系。该时期最明显的特征是重力流沉积成为主要沉积类型,扇三角洲沉积几乎消失,而盆地中心也由滨浅湖沉积转变为半深湖-深湖沉积。至 SQn_2 沉积晚期,随着贝尔凹陷断陷规模逐渐萎缩,盆地开始向拗陷盆地转化,但湖相沉积仍为该时期最主要的沉积类型。

3.4 短期旋回内沉积微相平面展布

本书在贝中油田高精度层序地层对比的基础上,分析了南屯组 47 个小层(短期旋回)单元的沉积微相展布样式。贝中油田南一段 IV 油组即三级层序 SQn_1^4 为贝中地区最重要出油层位,其沉积时期,接受多物源方向沉积物,总体上,全区主要沉积扇三角洲-滨浅湖沉积体系,局部地区如希 2 井区发育远岸水下扇沉积(图 3.27)。

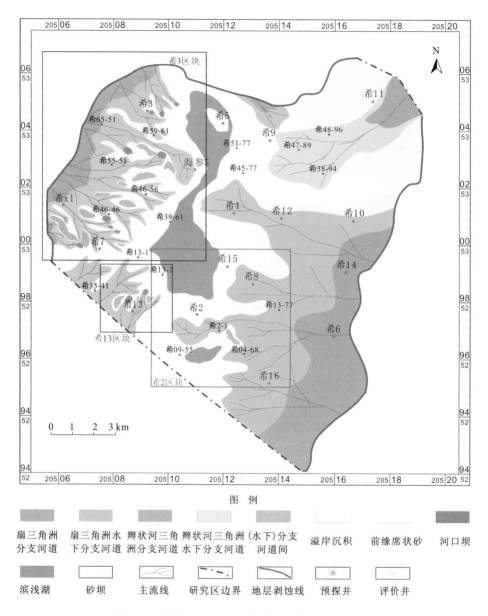

图 3.27　贝中油田 N14-1 小层沉积微相平面展布图

3.4.1　小层(短期旋回)微相展布特征

　　本书结合贝中油田重点开发区块,即希 3 井区块、希 13 井区块及希井 2 区块,重点恢复不同区块的主力小层微相平面展布特征。

1. 希 3 井区 SQn_1^4

1）N14-16、N14-15 小层

SQn_1^4 早期,贝中希 3 井区湖平面位置处于最高时期,湖相沉积为该时期最重要的沉积类型,局部地区如希 65-51 井一带发育萎缩型扇三角洲沉积,但规模及范围均十分有限。该地区湖泊沉积以滨浅湖沉积为主,砂体类型主要为浅湖滩、坝沉积。其中,N14-16 小层主要发育规模相当的 4 个砂坝,分别分布于希 52-48 井、希 52-斜 56 井、希 46-54 井、希 42-50 井一带。N14-15 与早期 N14-16 相比,砂坝沉积有所减少,而滩砂沉积开始出现,且沿断层分布,规律较为明显。

2）N14-14 小层

该小层沉积时期,湖平面有所下降,湖盆水体面积有所减小,西部沿边界断层一线普遍发育扇三角洲前缘沉积,但分布面积均较为有限,自西向湖盆中心进积至希 51-39 井-希 52-48 井-希 57-55 井一线,以东主要发育前缘远砂坝沉积,呈条状展布。希 46-46 井-希 49-61 井一线,浅湖砂坝沉积非常发育且沿断层展布。

3）N14-13 小层

湖平面位置持续下降,使得扇三角洲沉积规模进一步增大,其中希 55-51 井-希 39-61 井及希斜 1 井-希 46-46 井发育扇体面积较大,而北部及南部两处扇体延伸范围较小。该时期主要发育水下分支河道、水下分支河道间、前缘席状砂、溢岸砂、河口坝多种沉积微相,滨浅湖面积急剧减小,浅湖砂坝仅在希 58-64 井附近有所发育。

4）N14-12～N14-10 小层

湖平面位置振荡性变化,但总体上表现为湖退特征。该时期沉积面貌与 N14-13 小层相似,体现了良好的继承性,浅湖面积逐步减小,工区主要沉积类型变为扇三角洲前缘沉积。

5）N14-6～N14-9 小层

随着进积作用不断增强,湖水面积进一步萎缩,希 3 井区基本难以见到滨浅湖沉积,而扇三角洲沉积异常发育,尤以 N14-8、N14-9 两个小层砂体最为发育。其中,N14-9 小层扇三角洲前缘沉积向西延伸至希 39-61 井-希 59-61 井一线,区内以水下分支河道沉积为主,水下分支河道间仅在近物源处希 54-42 井、希 67-49 井等区域有所发育,反映水下分支河道彼此切割,连片展布[图 3.28(a)]。在前缘末端希 48-54 井、希 57-61 井等地区,发育河口坝沉积,但砂体分布面积均较小。整体上,漫溢砂沉积并不发育。N14-6、N14-7 两个小层相对前期河道面积明显减少,砂体发育程度降低,溢岸砂及水下分支河道间沉积较为发育,反映湖平面出现了短期升高。

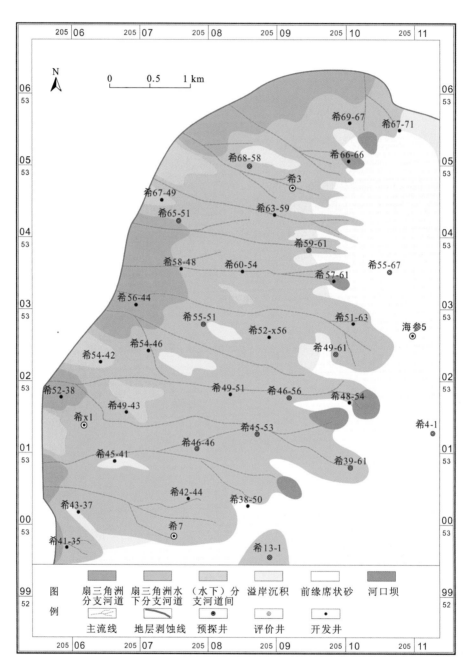

（a）希3区块N14-9小层沉积微相平面展布图

图3.28　希3区块 SQn_1^4 小层沉积微相平面展布图

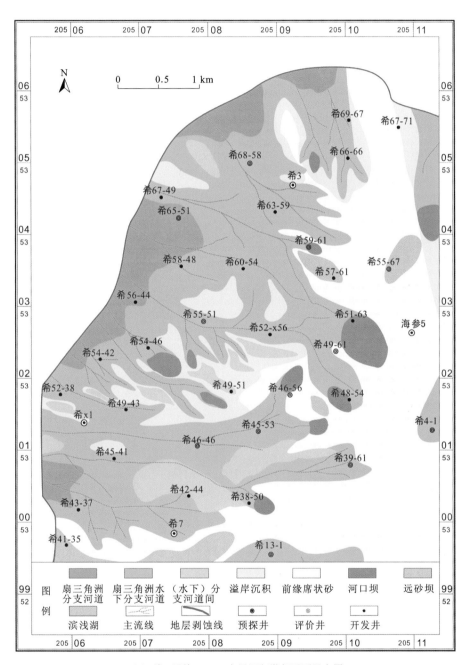

（b）希 3 区块 N14-5 小层沉积微相平面展布图

图 3.28　希 3 区块 SQn$_1^4$ 小层沉积微相平面展布图（续）

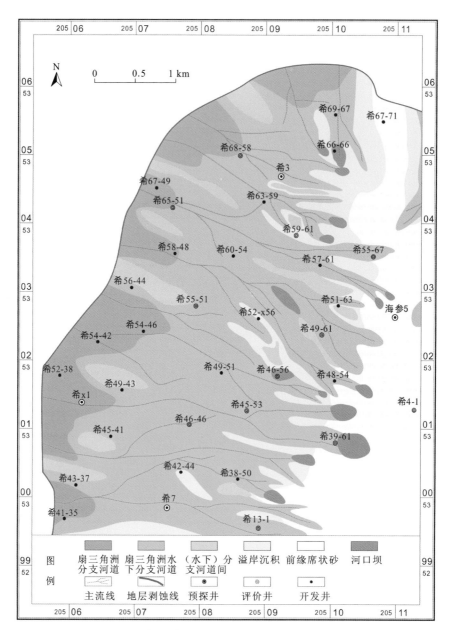

（c）希3区块N14-4小层沉积微相平面展布图

图 3.28 希 3 区块 SQn$_1^4$ 小层沉积微相平面展布图（续）

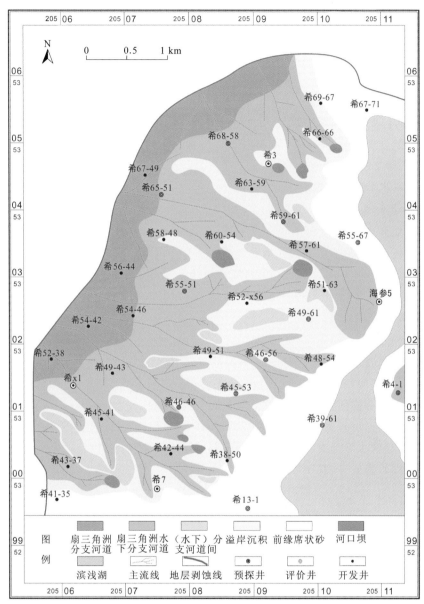

（d）希3区块 N14-1 小层沉积微相平面展布图

图 3.28 希 3 区块 SQn$_1^4$ 小层沉积微相平面展布图（续）

6）N14-5 小层

该小层沉积时期,伴随湖平面低幅上升,滨浅湖沉积面积较前期有所增大,但整体上仍以扇三角洲前缘沉积为主,自边界断层向湖盆中心发育 5 条规模不等的水下分支河道主河道,以希斜 1 井-希 46-46 井-希 45-53 井一线及希 55-51 井-希 49-61 井一线水下分支河道沉积最为发育[图 3.28(b)]。与前期相比,该时期漫溢砂沉积和水下分支河道间沉积面积均有所增大,如水下分支河道间沉积在希40-38井、希41-53井等区域附近分布。此外,该小层内河口坝沉积发育程度明显增强,在多处河口地区均有不同程度的发育,其中在希46-56井及希51-63井等区域河口坝面积最大。

7) N14-3、N14-4 小层

N14-4沉积与N14-5沉积时期相比,湖平面有所下降[图3.28(c)],以扇三角洲前缘沉积为主,无滨浅湖沉积,顺物源方向发育多条主河道,河道摆动频繁,彼此切割,连片分布,使得该时期水下分支河道间和漫溢砂沉积不甚发育;至N14-3沉积时期,湖平面继续有所下降,全区水下分支河道间沉积发育更为有限,漫溢砂及河口坝微相分布范围明显减小,总体上该时期仍以水下分支河道沉积为主,漫溢砂仅在希59-61井、希42-44井附近有所分布。

8) N14-2 小层

该小层沉积时期进入SQn_1^4沉积晚期,与先期沉积相比,湖平面位置有所升高,表现为扇三角洲沉积面积有所减小,砂体发育程度有所减弱。希3井区内滨浅湖沉积开始出现,分布在希59-63井附近,但扇三角洲沉积仍为主要沉积类型,其中水下分支河道最为发育,如希55-51井-希46-46井-希39-61井一线,河道延伸远、规模大,显示了充分的物源供给,强烈的进积作用。

9) N14-1 小层

该小层沉积时期为SQn_1^4沉积末期,湖平面位置持续升高,使得扇三角洲沉积规模进一步减小,滨浅湖面积进一步加大,主要分布在希55-67井-希39-61井一线以东。该时期主要发育水下分支河道、水下分支河道间、前缘席状砂、漫溢砂、河口坝多种沉积微相,仍以水下分支河道沉积为主,自西向东发育8条规模不等的主河道[图3.28(d)]。由于基准面上升,导致水下分支河道进积作用减弱,使得河道连片性较差,而河道漫溢砂及水下分支河道间较为发育,其中漫溢沉积分布面积甚广。

2. 希 13 井区 SQn_1^4

1) N14-14 小层

该小层沉积时期,湖平面较前期有所下降,湖盆水体面积有所减小,南部顺物源方向发育扇三角洲前缘沉积,主要有两条主河道沉积,自南向北向湖盆中心进积分别沿希29-55井-希31-57井-希33-59井和希27-57井-希31-63井-希35-69井方向展布。在希33-59井和希35-67井附近分别有河口坝发育[图3.29(a)]。

2) N14-8 小层

随着进积作用不断增强,湖水面积进一步萎缩,导致扇三角洲沉积较为发育。扇三角洲前缘沉积向东延伸至希13-2井附近,主要以水下分支河道沉积为主,漫溢砂仅在希33-63井、希43-67井等区域有所发育,反映水下分支河道彼此切割,连片展布。与前两个小层相比前期河道面积明显减少,砂体发育程度降低,漫溢砂及水下分支河道间沉积较为发育,反映湖平面出现了短期升高[图3.29(b)]。

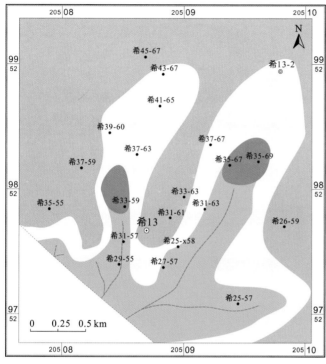

（a）希13区块 N14-14 小层沉积微相平面展布图

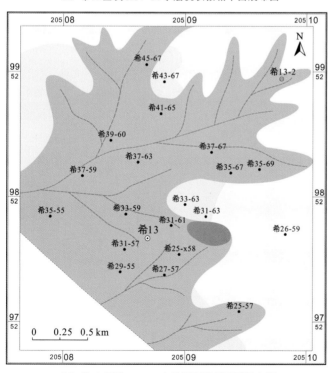

（b）希13区块 N14-8 小层沉积微相平面展布图

图 3.29　希 13 区块 SQn_1^4 小层沉积微相平面展布图

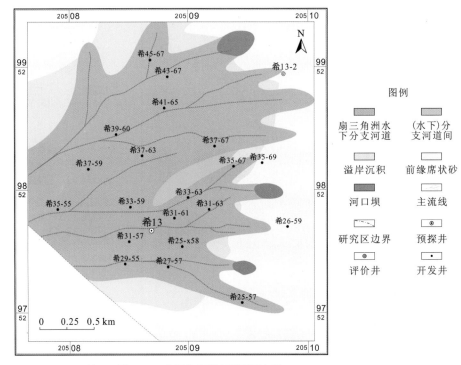

（c）希13区块N14-4小层沉积微相平面展布图

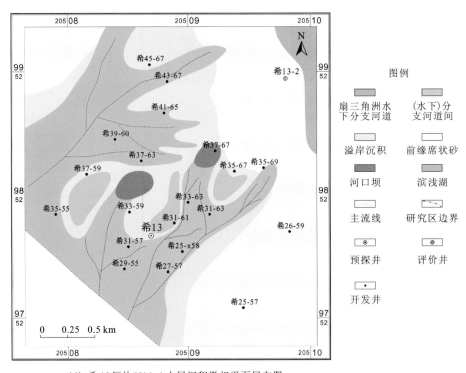

（d）希13区块N14-1小层沉积微相平面展布图

图 3.29　希 13 区块 SQn_1^4 小层沉积微相平面展布图（续）

3) N14-4 小层

湖平面持续下降,以扇三角洲前缘沉积为主,无滨浅湖沉积。顺物源方向发育多条主河道,河道摆动频繁,彼此切割,连片分布,使得该时期水下分支河道间和河口坝沉积不甚发育[图 3.29(c)]。

4) N14-1 小层

该小层沉积时期为 SQn_1^4 沉积末期,湖平面位置持续升高,使得扇三角洲沉积规模进一步减小,滨浅湖面积有所增大,主要分布在希 13-2 井以东。该时期主要发育水下分支河道、水下分支河道间、前缘席状砂、漫溢砂、河口坝多种沉积微相,其中仍以水下分支河道沉积为主,自西北向东南发育 3 条规模不等的主河道。由于基准面上升,导致水下分支河道进积作用减弱,使得河道连片性较差,而河道漫溢砂及水下分支河道间较为发育,其中漫溢沉积分布较广[图 3.29(d)]。

3. 希 2 井区 SQn_1^4

1) N14-13 小层

该小层沉积时期湖平面较前期沉积有所下降,进积作用明显增强,滨浅湖沉积面积减小,沿希 26-62 井-希 15 井一线以北有所发育,此时东南物源方向和东北物源方向同时供给沉积物发育扇三角洲沉积,其中以前缘席状砂沉积为主,自物源向盆地中心交汇,形成连片展布,漫溢砂沉积和水下分支河道间均不甚发育,仅在希 17-67 井附近略有分布[图 3.30(a)]。

2) N14-8 小层

该时期,希 2 井区湖平面位置较低,基本不发育滨浅湖沉积,整体上以扇三角洲沉积类型为主,主要砂体类型为水下分支河道沉积,自东南部物源、东北部物源、西南部物源、西北部物源向盆地中心发育规模各异的 7 条主河道,其中以希 04-68 井-希 2 井一线和希 11-72 井—希 19-69 井一线主河道沉积最为发育。另外,希 11-65 井附近见有远砂坝沉积,但分布面积极为有限[图 3.30(b)]。

3) N14-4 小层

至该小层沉积时期,全区滨浅湖相仍不发育,主体沉积类型为扇三角洲沉积,大致可划分为东部和西北部两个物源供给方向,其中东北部物源沉积物供给有限,致使扇三角洲规模有限,东部供给形成的扇三角洲延伸范围较广,自东向西延伸至希 15 井-希 26-62 井-希 2 井-希 09-55 井一线。与前期相比,该小层水下分支河道间发育程度增强,如在希 13-77 井附近沿主河道分布[图 3.30(c)]。

4) N14-3 小层

该小层仍然以扇三角洲沉积为主体沉积类型,主要接受来自东北方向、东南方向以及西北方向物源沉积物。该时期主要发育水下分支河道、漫溢砂、前缘席状砂和河口坝沉积微相类型,其中以水下分支河道沉积为主,全区发育 9 条规模不等的主河道,尤以希 04-68 井-希 18-60 井-希 25-57 井一线主河道延伸最远。同时,该小层内河口坝沉积也有所发育,如希 09-55 井以及希 17-67 井附近见有分布[图 3.30(d)]。

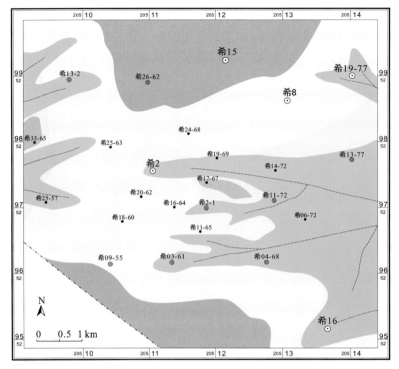

（a）希2区块N14-13小层沉积微相平面展布图

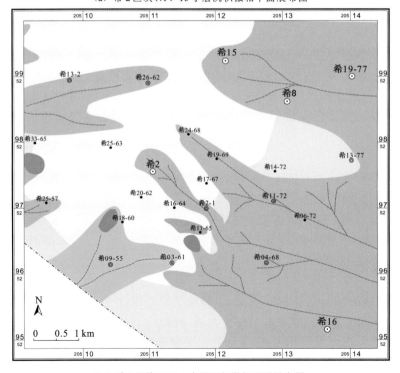

（b）希2区块N14-8小层沉积微相平面展布图

图3.30　希2区块 SQn_1^4 小层沉积微相平面展布图

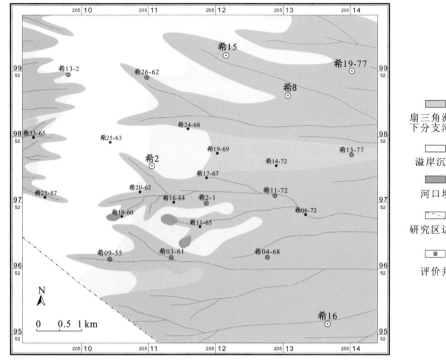

（c）希2区块N14-4小层沉积微相平面展布图

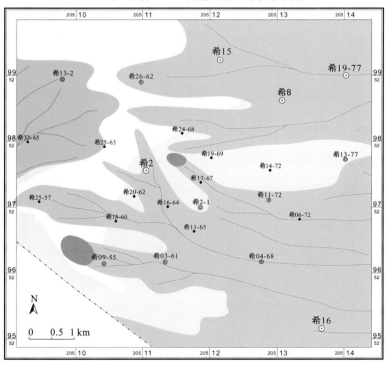

（d）希2区块N14-3小层沉积微相平面展布图

图 3.30　希 2 区块 SQn$_1^4$ 小层沉积微相平面展布图（续）

4. 希 2 井区 SQn$_2$

贝中油田希 2 井区 SQn$_2$ 沉积时期主要接受东南部和东北部物源方向沉积,也有来自西南方向的次级物源沉积。该沉积时期整体处于强烈断陷沉降期,湖平面持续上升,湖盆面积不断增大,主要发育远岸水下扇-近岸水下扇-半深湖-深湖沉积体系,其中以近岸水下扇沉积为主体沉积类型,主要沉积微相类型为扇根河道、扇根河道间、扇中分支河道、扇中分支河道间及扇缘沉积。具体沉积微相发育特征以 N22-4、N23-1、N23-3 和 N24-1 小层为例。

1) N24-1 小层

SQn$_2$ 沉积初期,贝中油田希 2 井区湖平面位置较高,总体上为近岸水下扇-半深湖-深湖沉积体系,沿希 09-55 井-希 26-62 井-希 13-77 井-希 15 井一线以东,主要发育近岸水下扇沉积,包括扇根河道、扇根河道间、扇中分支河道、扇中分支河道间及扇缘等沉积微相类型,以西主要为深湖-半深湖沉积[图 3.31(a)]。

2) N23-3 小层

该小层沉积时期,湖平面水体继续加深,总体上仍以近岸水下扇沉积类型为主,自东向湖盆中心发育 5 处规模不等的近岸水下扇。此外,沿希 04-68 井-希 2 井一线以及希 8 井-15 井一线的近岸水下扇受重力流作用进一步延伸发育远岸水下扇,主要沉积微相类型为上扇浊积水道、中扇分支水道以及下扇沉积[图 3.31(b)]。

3) N23-1 小层

相较于 N23-3 小层沉积时期,该时期远岸水下扇沉积不甚发育,仍以近岸水下扇沉积类型为主,整体上发育规模大,延伸范围广,基本沿希 21-57 井-希 25-63 井-希 26-62 井一线以东分布,砂体类型主要为扇根河道、扇中分支河道、扇中河道间及扇缘沉积[图 3.31(c)]。

4) N22-4 小层

该小层主要发育近岸水下扇-滨浅湖-深湖-半深湖沉积体系,沉积物主要来自西南方向和东北方向两个物源方向。该时期以近岸水下扇沉积为主,自物源向盆地中心发育 5 处不同规模的近岸水下扇体,其中以希 2 井-希 26-62 井一线以及希 13-77 井-希 15 井一线的近岸水下扇最为发育,延伸范围最广[图 3.31(d)]。

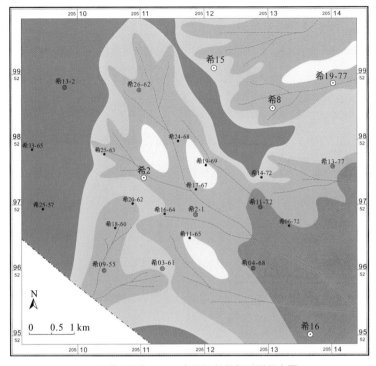

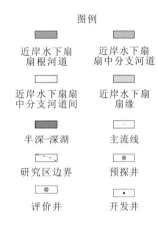

（a）希 2 区块 N24-1 小层沉积微相平面展布图

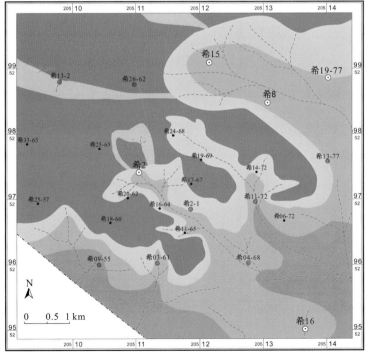

（b）希 2 区块 N23-3 小层沉积微相平面展布图

图 3.31　希 2 区块 SQn_2 沉积微相平面展布图

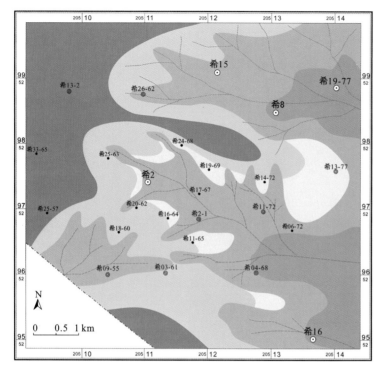

（c）希2区块N23-1小层沉积微相平面展布图

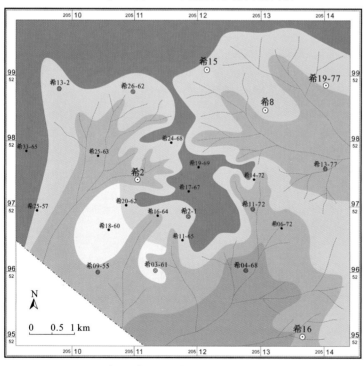

（d）希2区块N22-4小层沉积微相平面展布图

图3.31　希2区块SQn_2沉积微相平面展布图（续）

3.4.2　贝中油田南屯组沉积模式

SQn_1^4 在各开发区均为主力目的层段,这与其沉积作用特征密切相关。结合贝尔凹陷沉积体系演化特征,SQn_1^4 沉积时期,贝中地区处于构造相对平静期,湖平面位置相对较低,绝大部分开发区块均以断陷型扇三角洲沉积为主,其中水下分支河道极为发育,保证了该层段优质储层形成的物质基础。辫状河三角洲沉积在该时期有所发育,但规模及分布范围均较为有限,主要分布在物源距离相对较远的贝中东北地区希 11 井–希48-96 井一线。除此之外,在东部局部地区,如希 2 井区可见远岸水下扇(湖底扇)沉积(图 3.32)。

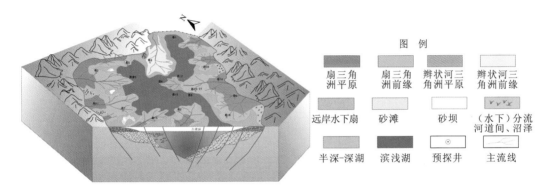

图 3.32　贝中油田 SQn_1^4 沉积模式图

3.5　断陷湖盆坡折带控砂模式

3.5.1　构造坡折带及其类型

李思田等(1995)把由同沉积构造活动所形成的古地貌上发生突变的坡折带称为构造坡折带,将构造坡折带划分为两种基本类型,即褶皱型和断坡型。林畅松等(2003)指出渤海湾古近纪湖盆中同沉积断裂形成的构造坡折带,制约着可容纳空间的变化,进而控制了砂体分布。鲍志东等(2011)以准噶尔盆地腹部侏罗系储集砂体分布特征为例,强调了构造转换带与坡折带共同控制沉积相带展布。

贝尔凹陷在南屯组沉积时期为典型断陷湖盆,其坡折带与断裂活动紧密相关。在贝尔凹陷沉积相特征研究以及贝中油田沉积微相精细刻画的基础上,耦合了不同砂体成因类型与断层坡折带的关系,本次在贝尔凹陷识别出 5 种类型构造坡折带,即陡坡断崖型、陡坡断阶型、缓坡断阶型、盆内断阶型及缓坡断坡型(表 3.2)。其中,陡坡断崖型坡折带主要见于贝尔凹陷强烈断陷阶段,随着断陷活动的持续增强,形成强陡坡地形,可容纳空间迅速增加,水体迅速加深,近岸粗碎屑沉积物快速堆积入湖,形成近岸水下扇沉积;陡坡断阶型坡折带由多组同沉积断裂构成,其坡度相对陡坡断崖型坡折有所减缓,在湖盆边缘的一级坡折带上,可发育扇三角洲或近岸水下扇沉积,而离岸较远的二级坡折带,为远岸水下扇的形成创造了有利条件;缓坡断阶型坡折带主要分布于贝中次凹西坡,主要与扇三角洲沉积作用相关,其砂体沉积规模一般较大;盆内断阶坡折带主要由于断层两盘沉降的差异,使得盆地内部地形坡度突变,常与远岸水下扇的发育密切相关;断坡式坡折带断层断面倾角较断崖型略缓,可在凸起前缘形成扇三角洲,亦可在扇三角洲前方地形低洼处发生滑塌作用堆积形成远岸水下扇。

表 3.2　贝尔凹陷构造坡折类型

名称	发育砂体类型	主要流体机制	典型实例
陡坡断崖型坡折带	近岸水下扇	重力流,以碎屑流为主	希 6 井
陡坡断阶型坡折带	扇三角洲	牵引流为主,兼有重力流	希 3 井
	近岸水下扇	重力流,以碎屑流为主	希 04-68 井
	远岸水下扇	浊流为主	希 26-62 井
缓坡断阶型坡折带	扇三角洲	牵引流为主,兼有重力流	希 13 井
盆内断阶坡折带	远岸水下扇	浊流为主	希 2 井
断坡式坡折带	扇三角洲	牵引流为主,兼有重力流	希 9 井
	远岸水下扇	浊流为主	霍 9 井区

3.5.2　构造坡折带-砂体响应特征

1. 陡坡断崖型坡折带与近岸水下扇

陡坡断崖型坡折带主要见于贝尔凹陷强烈断陷阶段,随着断陷活动的持续增强,基底同沉积断裂与湖区构成强陡坡地形。贝中地区希 6 井以东为边界断层,其断层断面陡、规模大,且长期活动,向西为深水湖区,沉积中心靠近希 2 井一侧,由于水体突然加深使得可容纳空间迅速增加并至最大。东部近岸粗碎屑沉积物沿希 6 井-希 16 井一线入湖后直接在断层一侧快速堆积,形成近岸水下扇砂体。该沉积类型主要沿断裂走向分布,砂体规模大小不等,在湖进背景下,呈退积叠加样式[图 3.33(a)]。

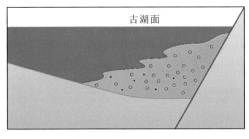

（a）陡坡断崖型坡折与近岸水下扇

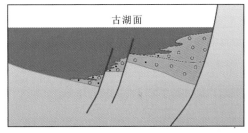

（b）陡坡断阶型坡折与近岸水下扇

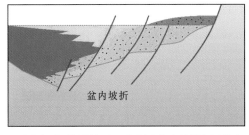

（c）陡坡断阶型坡折与扇三角洲及盆内坡折与远岸水下扇

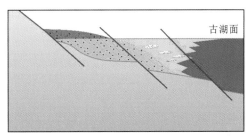

（d）缓坡断阶型坡折与扇三角洲

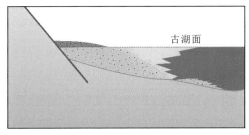

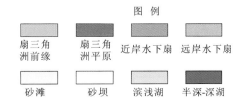

（e）缓坡断坡型坡折与扇三角洲、远岸水下扇

图 3.33　贝尔凹陷构造坡折控砂模式

2. 陡坡断阶型坡折带与近岸水下扇、扇三角洲和远岸湖底扇

在贝中油田东、西两侧，基底同沉积断裂的长期活动往往派生多组次级断裂，共同构成陡坡断阶型坡折带。靠近基底同沉积断裂部位由于紧邻源区而发育近岸水下扇或扇三角洲沉积，而在二级断阶坡折下部常发育远岸水下扇砂体［图 3.33（b）、（c）］。最典型的为希 8 井所处段阶坡折带上，SQn_2 发育近岸水下扇沉积，在其以西的二级断阶坡折带上，希 26-62 井在 SQn_2 底部发育远岸水下扇，其钻井剖面显示为深湖相黑色泥岩夹含砾砂岩，具鲍玛序列，发育泥岩撕裂构造。

3. 断阶型缓坡坡折带与扇三角洲沉积体系

断阶型缓坡坡折带位于盆地较缓坡一侧，该部位多发育平行于斜坡走向、呈阶梯状分布的次级断裂。断阶型缓坡坡折使得物源供给区与湖盆中心呈较缓断阶相接,这造成其沉积可容纳空间相对较小,易形成扇三角洲沉积砂体[图 3.33(d)]。扇三角洲沉积规模与物源补给强度及斜坡梯度有关。贝中油田希 13 井区沿希 13 井-希 13-2 井一线受断阶型缓坡坡折带控制,在南一段普遍发育扇三角洲沉积砂体。

4. 盆内坡折带与远岸水下扇

盆内断阶坡折带主要由于断层两盘沉降的差异,盆地内部地形坡度突变,通常在距离陡坡带物源较远的下降盘形成深水洼槽,而陡坡处扇三角洲或近岸水下扇沉积延伸至此,形成远岸水下扇砂体[图 3.33(c)]。贝中油田最典型的为希 2 井,其在 SQn$_2$ 钻遇的远岸水下扇沉积砂体,与暗色深湖相泥岩互层,常见鲍玛序列、泥岩撕裂屑、粒序层理等沉积构造。

5. 断坡式坡折带与湖底扇

断坡式坡折带的形成与边界控陷断层有着密切关联,其沉积地形相对较缓,与前述四种类型相比,物源供给区与湖盆中心直接呈缓坡相接,使得其沉积可容纳空间最小。该类坡折控砂特点为可在凸起前缘形成扇三角洲,亦可在扇三角洲前方地形低洼处发生滑塌作用堆积形成远岸水下扇[图 3.33(e)]。这种类型沉积体系最典型的实例是霍多莫尔地区扇三角洲-湖底扇砂体。

3.6　火山活动沉积响应

贝尔凹陷铜钵庙组、南屯组沉积时期,火山活动频繁,沉积岩普遍富含凝灰等火山物质,显示其沉积受火山活动作用影响较大。本次在苏德尔特地区贝 26 井岩心中观察到非常特殊的似龟裂状砂岩,厚度大于 12 m,其沉积作用直接受火山活动的强烈影响,为非常难得的火山活动控制下的沉积作用实例(图 3.34)。本节以该现象实际资料出发,分析其形成过程,以总结火山活动沉积响应的部分特征。

分析表明,贝 26 井"龟裂状"砂岩的形成机制为火山活动控制下的沉积作用,其形成过程可分为四个阶段,即原岩震裂阶段、裂块位移阶段、暴露铁染阶段、凝灰质注入充填阶段。

1. 原岩震裂阶段

褐色砂岩为初始沉积,其沉积作用发生于火山活动之前,镜下定名中的长石岩屑砂岩应为初始沉积砂岩,其较低成熟度表明其为苏德尔特地区铜钵庙组扇三角洲沉积。随后的火山活动或由其诱发的地震作用使其原地震碎,形成目前看到的褐色砂块,其普遍呈棱角状,表明其并未经过搬运、分选,应为原地震裂形成的碎块[图 3.35(a)]。本次在

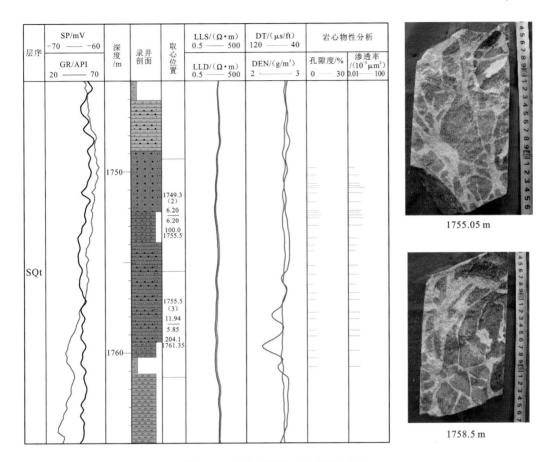

图 3.34　贝尔凹陷贝 28 井岩心特征

砂块拼组过程中,发现大部分的块体并不需旋转即能较好地拟合,这在一定程度上证实了其主要为原地形成的观点。

2. 裂块位移阶段

褐色砂岩裂碎后,火山活动及其引发的构造活动相对减弱,然而仍造成了湖盆的活动,使得其发生较小的位移距离,这种位移更多地以水平方向为主[图 3.35(b)]。

3. 暴露铁染阶段

贝 26 井"龟裂状"砂岩中,不同程度存在铁质胶结现象,此现象在该井薄片鉴定报告中也有体现。然而值得注意的是,所有铁质环边均围绕褐色砂块存在,在灰绿色砂质充填中并不发育[图 3.35(c)]。这就说明了铁质浸染作用与充填胶结作用的先后发生顺序。铁质胶结的存在,一定程度上反映了褐色砂岩在震裂及发生位移的过程中发生了暴露,这种暴露可能与火山活动诱发的地震造成的湖盆沉降、湖平面急速下降有关。此外,

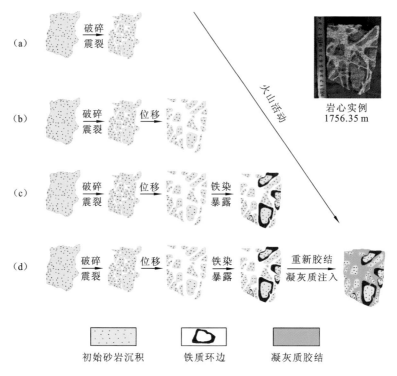

图 3.35 贝尔凹陷贝 28 井火山活动沉积响应模式

铁质浸染反映了该时期气候条以半干旱-干旱条件为主。

4. 凝灰质注入充填阶段

铁质浸染后，之前的火山活动带来了以凝灰为主的大量火山物质。大量凝灰迅速注入初始砂岩由于位移所产生的裂隙中，重新胶结成岩，与其他火山岩屑一起接受沉积，形成凝灰质砂岩。后期凝灰质砂岩以不规则脉状形式存在，便形成了今天我们所见到的"龟裂状"砂岩，实际应为灰绿色凝灰质砂岩脉状充填的岩屑长石砂岩［图 3.35(d)］。

对于贝 26 井"龟裂状"砂岩形成过程的分析不仅表明火山活动贯穿其整个形成阶段，对其沉积过程有着明显的控制作用，更显示了火山活动对于储层储集条件的影响。一方面，火山活动破坏了储层的连通性，以脉状充填的凝灰质使得储层非均质性极大加强。另一方面，火山活动又为储集条件的改善提供了积极作用：重新注入的易溶火山碎屑为次生孔隙的形成提供了物质基础；而火山诱发的构造活动使得岩层中裂缝更为发育，改善了储集条件。此外，"龟裂状"砂岩中铁质浸染环边反映了干旱条件下的暴露，同样为 SQt 层序上部界面的确定提供了强有力的证据。

第二篇　储层特征解剖

第 4 章　储层特征综合研究

4.1　富含火山物质碎屑岩岩石学特征

4.1.1　岩石类型

贝中油田南屯组主要岩石类型有三类,即正常火山碎屑岩类、火山-沉积碎屑岩类和陆源碎屑岩类(附录 A,附录 B)。

1. 正常火山碎屑岩类

正常火山碎屑岩的火山碎屑物质含量大于 75%,包括熔结凝灰岩和凝灰岩两类,均主要由晶屑、玻屑和岩屑组成。

1) 熔结凝灰岩

晶屑为斜长石、碱性长石和石英等,多呈棱角状,含量约 20%。玻屑主要为塑性玻屑,含量为 45%~55%。岩屑以熔岩岩屑为主,含量为 20%~25%。

2) 凝灰岩

晶屑以石英、斜长石为主,偶见少量碱性长石,多呈棱角状,含量约 30%。玻屑仍为塑性玻屑,含量约 15%。岩屑含量为 50%~60%,以熔岩岩屑为主,含少量塑性岩屑及泥岩碎块。

2. 火山-沉积碎屑岩类

火山-沉积碎屑岩由火山碎屑和陆源碎屑组成,经过搬运后部分具磨圆,火山碎屑物含量为 25%~90%,包括沉凝灰岩和凝灰质砂岩两类。

1）沉凝灰岩

沉凝灰岩的火山碎屑含量为$50\%\sim75\%$。晶屑含量约20%，主要由斜长石、碱性长石和少量棱角状石英构成。岩屑含量约70%，主要为熔岩碎屑，其次为少量塑性岩屑。玻屑、火山灰具重结晶，后者与岩屑界线不清。长石多呈棱角状，少量呈次圆状，粒径$0.02\sim0.10$ mm，火山灰与颗粒混杂界线不清。岩石局部具碳酸盐化和菱铁矿化，具碎裂，裂隙中充填菱铁矿。玻屑、火山灰脱玻化（绢云母化），大致呈定向分布，碳酸盐岩呈团块状分布。

2）凝灰质砂岩

凝灰质砂岩的火山碎屑含量为$25\%\sim50\%$，其中晶屑含量约20%，主要为棱角状长石和石英；玻屑含量约20%，以呈不规则条状的塑性玻屑为主。陆源碎屑物质主要为各种熔岩岩屑及花岗质碎屑，多呈次圆状。

3. 陆源碎屑岩类

陆源碎屑岩以砂岩为主，火山碎屑含量小于25%，具有典型沉积岩特征。但碎屑颗粒本身仍具有一定的凝灰质等火山物质成分。南屯组砂岩主要为岩屑砂岩和长石岩屑砂岩，少量岩屑长石砂岩，南一段（$SQn_1^4+SQn_1^{1\sim3}$）和南二段（SQn_2）砂岩类型差别不大，主要为岩屑砂岩和长石岩屑砂岩（图4.1）。

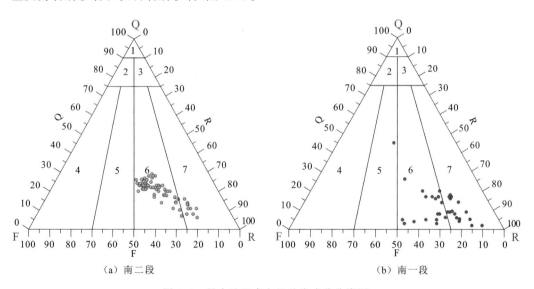

图 4.1　贝中油田南屯组砂岩成分分类图

1.石英砂岩；2.长石石英砂岩；3.岩屑石英砂岩；4.长石砂岩；5.岩屑长石砂岩；6.长石岩屑砂岩；7.岩屑砂岩

总体上看，贝中地区铜钵庙组、南屯组储层岩石类型主要为火山-沉积碎屑岩类和陆源碎屑岩类，正常火山碎屑岩类较少（图4.2）。在纵向上，从$SQn_1^4\rightarrow SQn_1^{1\sim3}\rightarrow SQn_2$，表现为火山碎屑物质含量逐渐降低、陆源碎屑含量逐渐增高的演变趋势。

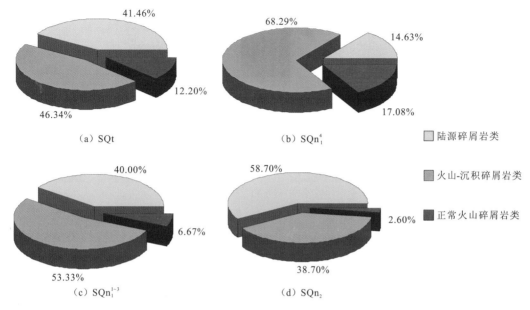

图 4.2　贝中油田储层岩石类型统计图

4.1.2　碎屑物组分

研究区南屯组砂岩碎屑组分包括石英、长石和岩屑,其中以岩屑(26%～88%,平均55%)为主,长石(9%～45%,平均26.9%)和石英(2%～45%,平均17.8%)为次。岩屑以岩浆岩岩屑(中酸性喷出岩)(小于88%,平均49.5%)和火山碎屑(小于50%,平均5.4%)为主,含极少量的变质岩岩屑(小于5.4%,平均0.2%)和沉积岩岩屑(小于6.3%,平均0.1%)。

石英较干净明亮,含较多气液包裹体,次生加大少见,常见高温熔蚀现象,中心熔蚀呈空心圆形[图4.3(a)],或边缘熔蚀呈浑圆状[图4.3(b)],为火山喷发来源的高温石英。

长石有斜长石、钾长石(微斜长石、正长石),以钾长石为主,斜长石为次。微斜长石表面较光洁,见格子双晶;斜长石[图4.3(c)]常见聚片双晶,表面较混浊,伊利石化和绢云母化蚀变强烈;正长石[图4.3(d)]较混浊,绢云母化较强。长石的边缘常见高温溶蚀现象,说明主要来源于火山喷发的产物。

岩屑主要为喷出岩岩屑和火山碎屑,如安山岩[图4.3(e)]、英安岩、流纹岩[图4.3(f)]、流纹质凝灰岩、凝灰岩,变质岩岩屑极少,主要为片岩岩屑,沉积岩岩屑也极少,主要为沉凝灰岩、含凝灰粉砂质泥岩,见少量黑云母。

图 4.3　贝中油田南屯组碎屑组分微观特征

(a) 希 3 井，2 423.40 m，SQn_1^4，火山石英，高温熔蚀呈浑圆状，中空负晶，个别有加大，正交偏光，×40；

(b) 希 7 井，2 528.08 m，SQn_1^4，石英高温熔蚀，正交偏光，×40；

(c) 希 55-51 井，2 515.00 m，SQn_1^4，斜长石，高温熔蚀，粒间玻璃质充填，正交偏光，×100；

(d) 希 3 井，2 406.10 m，SQn_1^4，条纹长石和正长石，正交偏光，×40；

(e) 希 55-51 井，2 525.79 m，SQn_1^4，安山岩岩屑，交织结构，正交偏光，×40；

(f) 希 7 井，2 528.0 8m，SQn_1^4，流纹岩岩屑，石英斑晶熔蚀，基质去玻化呈霏细结构，正交偏光，×40

4.1.3　填隙物特征

南屯组砂岩胶结物有方解石、硅质、方沸石、钠长石和火山灰等,以及少量伊利石、伊/蒙混层、绿泥石、高岭石;杂基主要为伊利石(水云母)。以方解石和黏土杂基为主,少量硅质、白云石和铁白云石,如图 4.4 所示。南一段砂岩填隙物总含量为 4%～21%,平均为 10%;南二段砂岩填隙物总含量为 4%～30%,平均为 8.8%。

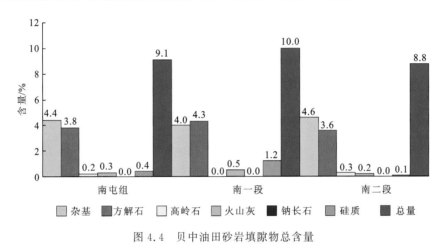

图 4.4　贝中油田砂岩填隙物总含量

4.2　储层储集空间类型及微观孔隙结构

4.2.1　储集空间类型

贝中油田南屯组砂岩储集空间按其形成阶段分为原生和次生储集空间类型两大类,以次生孔隙(粒内溶孔和粒间溶孔)为主(表 4.1,附录 C,附录 D)。

表 4.1　贝中油田南屯组储层储集空间类型统计表

层位	原生粒间孔/%	粒间溶孔/%	粒内溶孔/%	铸体薄片数
南屯组	18.45	45.03	36.53	99
南一段	17.14	46.00	36.86	87
南二段	36.88	31.25	31.86	12

1. 原生孔隙

1）粒间孔

粒间孔一般发育于岩屑长石砂岩、凝灰质砂岩和沉凝灰岩中，颗粒之间的孔隙多呈三角形、长条形，孔内较干净，连通性一般较好[图4.5(a)]。

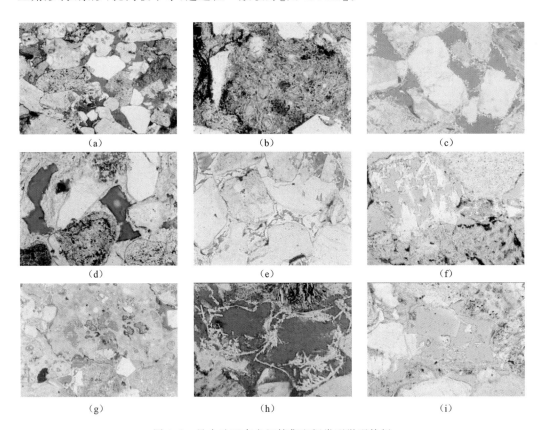

图 4.5　贝中油田南屯组储集空间类型微观特征

(a) 希 3 井，2 417.38 m，SQn_1^4，粒间孔，单偏光，×40；(b) 希 13 井，2 483.67 m，SQn_1^4，浮岩气孔，单偏光，×100；

(c) 希 3 井，2 422.90 m，SQn_1^4，粒间溶孔，边缘见溶蚀残余，单偏光，×40；

(d) 希 3 井，2 414.71 m，SQn_1^4，粒间方解石胶结，方解石内见规则多边形溶孔，单偏光，×100；

(e) 希 3 井，2 405.73 m，SQn_1^4，粒间方沸石充填，并有溶孔，单偏光，×100；

(f) 希 55-51 井，2 526.07 m，SQn_1^4，长石内溶孔，单偏光，×100；

(g) 希 3 井，2 421.90 m，SQn_1^4，凝灰岩岩屑溶孔，单偏光，×40；

(h) 希 3 井，2 418.51 m，SQn_1^4，铸模孔及残余边，少量针状自生钠长石，单偏光，×100；

(i) 希 55-51 井，2 530.53 m，SQn_1^4，铸模孔及溶蚀残余边，单偏光，×100

2）浮岩气孔

由于贝中油田南屯组碎屑岩富含火山物质，常见多气泡的、类似海绵状的浮岩气孔

［图 4.5(b)］。

2. 次生孔隙

1）粒间溶孔

粒间溶孔由粒间填隙物(主要为火山灰)和胶结物(方解石和方沸石)溶蚀或颗粒边缘溶蚀扩大形成的孔隙,常见填隙物溶蚀残余。例如,希 3 井 2 429.05 m 粒间火山灰溶蚀形成粒间溶孔［图 4.5(c)］,希 3 井 2 406.10 m 粒间方解石见规则多边形溶孔［图 4.5(d)］,可能为方沸石溶蚀形成。粒间方沸石部分溶蚀［图 4.5(e)］形成孔隙。

2）粒内溶孔

粒内溶孔主要由于碎屑颗粒内部遭受溶蚀而形成,研究区主要为岩屑和长石等被溶蚀。长石溶孔:沿长石颗粒边缘或解理缝溶蚀其颗粒,可见筛状孔隙［图 4.5(f)］;岩屑溶孔:研究区岩屑主要为凝灰岩岩屑、流纹岩岩屑及塑性岩屑,其内部常见蜂巢状溶孔［图 4.5(g)］。

3）铸模孔

铸模孔表现为颗粒内部溶蚀殆尽,仅残留颗粒的边缘,或仅见微量的溶蚀残余物。其中常见长石颗粒被溶蚀［图 4.5(h)］,其次为方沸石［图 4.5(i)］。

4.2.2　微观孔隙结构

1. 孔隙结构参数与渗透率关系

贝中油田 24 口井在南屯组有压汞资料,其样品数共计 332 个,可进一步分为三类参数。

反映孔喉大小及分布的参数主要包括:平均孔喉半径(R_p)、最大孔喉半径(R_a)、孔喉半径均值(D_m)、孔喉半径中值(R_{50})、孔喉分布峰值(R_m)、孔喉分布峰位(R_v)、渗透率分布峰值(F_m)及渗透率分布峰位(R_f)等。

反映孔喉分布和分选的参数主要包括:分选系数(S_p)、相对分选系数(D)、均质系数(α)、峰态(K_p)、歪度(S_{kp})及结构系数(F_y)等。

反映孔喉连通性及渗流特征的参数主要包括:排驱压力(P_{cd})、最大汞饱和度(S_{max})、饱和度中值压力(P_{c50})、最大退出效率(W_e)及最终剩余汞饱和度(S_r)。

本次对渗透率与上述三类压汞曲线特征参数分别进行单相关非线性回归分析,建立研究区渗透率与各参数之间的关系式。其中,孔喉大小是影响渗透率的主要因素,包括R_p、R_{50}等(图 4.6)。

2. 孔隙结构分类

依据 R_p、R_a、R_p、R_{50}、D_m 等参数,将研究区储层微观孔隙结构分为三类(表 4.2)。贝

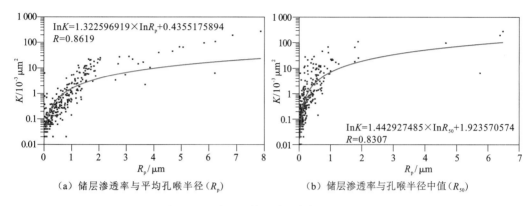

（a）储层渗透率与平均孔喉半径（R_p）　　　　（b）储层渗透率与孔喉半径中值（R_{50}）

图 4.6　贝中油田储层渗透率与孔喉关系图

中油田储层以 III 类为主（图 4.7），占 88%，II 类和 I 类所占比例极低，分别占 8% 和 4%。储集性能由好至差依次为：$SQn_1^4 \rightarrow SQn_1^{1\sim3} \rightarrow SQn_2 \rightarrow SQt$。

表 4.2　贝中油田储层微观孔隙结构分类

分类	储层类别	φ /%	K $(10^{-3} \mu m^2)$	P_{cd} /MPa	P_{c50} MPa	R_a μm	R_p μm	R_{50} μm	D_m μm
I 类	低渗	15~25	>10	<0.2	0.1~5	5~19	1.5~8	0.2~6.5	1~6.5
II 类	特低渗	10~25	0.5~10	0.2~0.5	2~7.5	3.5~15	0.75~2	<1	0.5~2.5
III 类	超低渗	7~18	<0.5	>0.5	2~37	0.5~3.7	0.2~1.5	<0.75	0.25~1.25

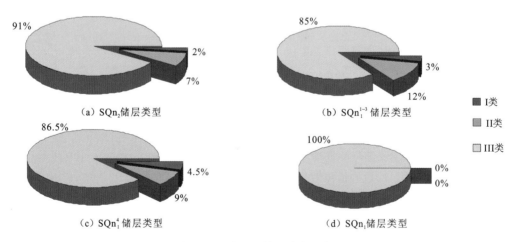

（a）SQn_2 储层类型　　　　　　　（b）SQn_1^{1-3} 储层类型

（c）SQn_1^4 储层类型　　　　　　　（d）SQn_1 储层类型

I 类　II 类　III 类

图 4.7　贝中油田储层分类统计图

4.3 储层成岩作用

4.3.1 成岩作用类型

贝中油田铜钵庙组及南屯组砂岩储层埋藏深度为 1 850～3 050 m,其成岩变化较为复杂,且演化程度较深。一方面,研究区存在压实作用以及多种胶结充填作用,使得部分原生孔隙被破坏。另一方面,溶解作用在研究区表现的相对较强,这就使得研究区次生孔隙较为发育。

1. 压实作用

贝中油田储层的压实作用强度相对较弱,多数颗粒为点或线接触,而凹凸接触相对较少。此外,研究区可见如长石破裂、塑性岩屑变形及云母扭曲等现象,说明压实作用的存在。总体上,由于研究区压实作用不强,粒间孔隙得到较多保留。

2. 充填胶结作用

研究区储层中各种自生矿物充填胶结广泛发育,常见的胶结物类型主要有碳酸盐岩矿物、硅质胶结物、方沸石、钠长石及自生黏土矿物(附录 E)。其中,方沸石、钠长石的成因与火山活动密切相关,将在 5.5 节加以说明。

1) 碳酸盐胶结物

含铁方解石(图 4.8):多呈他形-半自形粒状,充填粒间或交代碎屑。

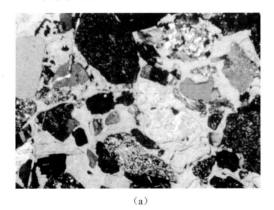 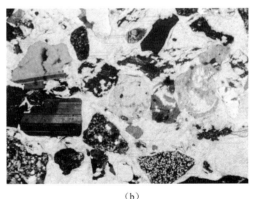

(a)   (b)

图 4.8 贝中油田南屯组方解石胶结物微观特征

(a) 希 3 井, 2 416.89 m, SQn$_1^4$, 方解石胶结并交代碎屑, 正交偏光, ×40;

(b) 希 3 井, 2 417.38 m, SQn$_1^4$, 方解石胶结并交代碎屑, 正交偏光, ×40

铁白云石:常呈半自形-自形粒状,粉晶-细晶,常常数个晶体聚合在一起零星分布于砂岩的粒间孔或溶蚀孔内,交代碎屑颗粒或其他碳酸盐岩矿物,而在其内部常见残余的方解石或白云石,说明铁白云石形成时间最晚,为最后一期胶结物。

菱铁矿:多呈泥-粉晶,半自形-自形,围绕颗粒边缘分布,或分布于粒间。

2)硅质胶结物

硅质胶结物有三种形式:①以细小自生石英晶粒充填于粒间孔隙;②以次生加大形式结晶;③非晶质蛋白石。硅质胶结作用不仅减少了储层的孔隙空间,同时改变了储层的孔隙结构,使储层的粒间喉道变为"片状"或"缝状"喉道,从而大大降低了储层的渗透性。

自生石英:α-石英多呈栉节状丛生,显示中低温热液特征(沿次生孔隙边部或粒缘发育)(图4.9)。

(a)	(b)

图4.9 贝中油田南屯组自生石英微观特征

(a)希4井,2 584.69 m,SQn$_1^4$,棕灰色油浸砂质砾岩,自生石英和绒球状绿泥石共生;

(b)希15井,2 680.62 m,SQn$_1^4$,棕灰色油斑砂质砾岩,自生石英和绒球状绿泥石共生,石英晶间孔

石英次生加大:常形成平整的自形晶面,多与压溶作用伴生。岩屑石英砂岩为研究区主要岩石类型,常见由于加大而呈镶嵌状的石英颗粒。

蛋白石:非晶质,全消光,充填于粒间(图4.10)。

3)黏土矿物

伊利石:绝对含量为0.09%~13.83%,平均为1.87%(表4.3)。相对含量为5%~86%,平均为44%(表4.4)。在扫描电镜下,伊利石呈纤维状、丝状充填孔隙[图4.11(a)]或呈桥接式[图4.11(b)]。伊利石常与伊/蒙混层、绿泥石、自生石英共生(附录F~附录J)。

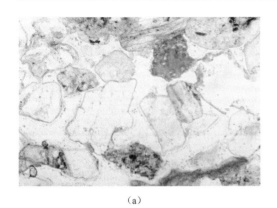
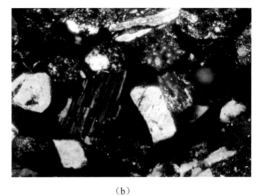

(a)　　　　　　　　　　　　　　　　　　(b)

图 4.10　贝中油田南屯组蛋白石微观特征

希 3 井，2 415.53 m，SQn_1^4，粒间被蛋白石全充填，单偏光(a)，正交偏光(b)，×100

表 4.3　贝中油田黏土矿物绝对含量

层位		黏土矿物绝对含量/%					总量	样品数
		蒙脱石 (S)	伊利石 (I)	高岭石 (K)	绿泥石 (C)	伊/蒙混层 (I/S)		
合层	平均	0	1.87	1.18	1.39	0.61	3.92	518
	最高	0	13.83	3.23	7.23	6.94	16.81	
	最低	0	0.09	0.21	0.08	0.03	0.30	
SQt	平均	0	3.23	0	1.67	1.11	5.93	20
	最高	0	7.47	0	4.24	4.86	14.59	
	最低	0	0.87	0	0.34	0.08	1.99	
SQn_1^4	平均	0	1.65	0	1.33	0.54	3.51	338
	最高	0	13.83	0	6.06	4.86	16.16	
	最低	0	0.09	0	0.08	0.03	0.30	
$SQn_1^{1\sim3}$	平均	0	2.68	0.34	2.09	1.21	5.78	18
	最高	0	7.92	0.35	7.23	6.94	16.81	
	最低	0	0.77	0.32	0.60	0.09	1.90	
SQn_2	平均	0	2.12	1.27	1.43	0.65	4.37	142
	最高	0	6.24	3.23	3.56	2.98	10.69	
	最低	0	0.14	0.21	0.20	0.07	0.45	

表 4.4　贝中油田黏土矿物相对含量

层位		黏土矿物绝对含量/%					I/S中 S 比例	样品数
		蒙脱石 (S)	伊利石 (I)	高岭石 (K)	绿泥石 (C)	伊/蒙混层 (I/S)		
合层	平均	0	44	22	41	15	19	507
	最高	0	86	55	96	77	30	
	最低	0	5	2	2	3	10	
SQt	平均	0	56	0	32	14	17	20
	最高	0	76	0	52	33	30	
	最低	0	40	0	15	4	15	
SQn_1^4	平均	0	42	0	43	15	19	323
	最高	0	86	0	96	77	30	
	最低	0	5	0	2	3	10	
$SQn_1^{1\sim3}$	平均	0	47	3	43	18	23	11
	最高	0	66	3	62	61	25	
	最低	0	34	3	26	4	20	
SQn_2	平均	0	46	24	37	14	21	153
	最高	0	76	55	61	42	30	
	最低	0	18	2	5	3	15	

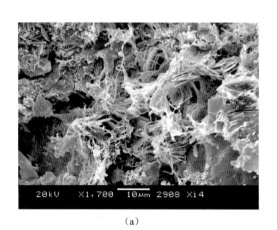 

(a) (b)

图 4.11　贝中油田南屯组伊利石微观特征

(a) 希 4 井，2 579.90 m，SQn_1^4，棕灰色油浸砂质砾岩，粒间丝状伊利石；

(b) 希 12 井，2 851.85 m，SQn_1^4，浅灰色含砾砂岩，粒间伊利石搭桥，颗粒表面贴附绿泥石

伊/蒙混层：绝对含量为 0.03%～6.94%，平均为 0.61%（表 4.3）。相对含量为 3%～77%，平均为 15%（表 4.4）。伊/蒙混层为蒙脱石向伊利石类转化的中间产物。富伊利

石层一般呈不规则片状,在形态上接近伊利石;而富蒙脱石层主要表现为皱纹状薄膜和蜂窝状薄膜(图 4.12)。

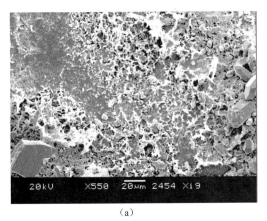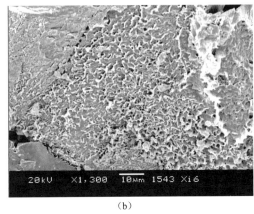

(a)　　　　　　　　　　　　　　　　　　(b)

图 4.12　贝中油田南屯组伊/蒙混层自生石英微观特征

(a) 希 9 井,2 627.45 m,SQn$_1^4$,棕灰色油斑粗砂岩,粒表伊/蒙混层;

(b) 希 6 井,2 526.23 m,SQn$_1^4$,绿灰色砂质砾岩,粒表伊/蒙混层

绿泥石:绝对含量为 0.08%~7.23%,平均为 1.39%(表 4.3)。相对含量为 2%~96%,平均为 41%(表 4.4)。本区绿泥石主要充填孔隙,部分分布于粒表,孔隙衬边绿泥石在本区不发育。扫描电镜下,绿泥石多呈板片状、蔷薇花状或卷心菜状(图 4.13)。

(a)　　　　　　　　　　　　　　　　　　(b)

图 4.13　贝中油田南屯组绿泥石微观特征

(a) 希 13 井,2 489.76 m,SQn$_1^4$,灰棕色油浸粉砂岩,绒球状绿泥石和自生石英共生;

(b) 希 55-51 井,2 523.69 m,SQn$_1^4$,灰棕色油浸粉砂岩,绒球状绿泥石

高岭石:绝对含量为 0.21%~3.23%,平均为 1.18%(表 4.3)。相对含量为 2%~55%,平均为 22%(表 4.4)。在扫描电镜下,自生高岭石多呈书页状和蠕虫状集合体(图 4.14)。

（a）　　　　　　　　　　　　　　　　　　（b）

图 4.14　贝中油田南屯组高岭石微观特征

（a）希 55-51 井，2 282.40 m，SQn$_2$，棕灰色油斑砂质砾岩，粒表伊利石和蠕虫状高岭石；

（b）希 55-51 井，2 282.91 m，SQn$_2$，棕灰色油斑砂质砾岩，孔隙中书页状高岭石

3. 溶解作用

溶解作用可形成较多的次生孔隙，通过铸体薄片、扫描电镜观察发现，本区储层砂岩的溶解作用较强烈，主要见碎屑颗粒（长石和岩屑）溶蚀和填隙物（方解石、方沸石和火山灰）溶蚀。

岩屑溶蚀（图 4.15）：岩屑的溶蚀比较普遍，常见的是凝灰岩岩屑、塑性岩屑发生溶蚀，溶蚀后呈网格状、蜂巢状。有些溶孔是在火山岩岩屑内气孔的基础上进一步溶蚀扩大形成的。

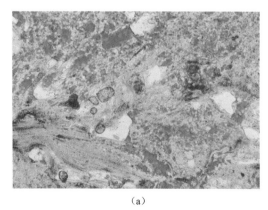

（a）　　　　　　　　　　　　　　　　　　（b）

图 4.15　贝中油田南屯组岩屑溶蚀微观特征

（a）希 3 井，2 409.7 m，SQn$_1^4$，岩屑溶孔，单偏光，×100；

（b）希 56-44 井，2 659.90 m，SQn$_1^4$，塑性岩屑溶孔，单偏光，×100

　　长石溶蚀(图 4.16):绝大部分长石未发生溶蚀,部分长石有溶蚀现象。长石溶蚀首先沿解理缝、双晶缝等薄弱处进行,部分溶蚀呈网格状、蜂巢状,甚至完全溶蚀形成铸模孔,仅残留少量钠长石化边。

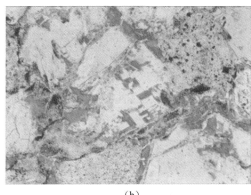

(a)　　　　　　　　　　　　　　　　　　　　(b)

图 4.16　贝中油田南屯组长石溶蚀微观特征

(a) 希 13 井, 2 485.69 m,SQn$_1^4$,粒内溶孔,单偏光,×100;

(b) 希 13 井, 2 485.09 m,SQn$_1^4$,长石溶孔,单偏光,×100

　　方解石胶结物溶蚀(图 4.17):粒间方解石胶结物内部分溶蚀,见残余的方解石。某些溶孔呈较规则的多边形,可能是方解石内的方沸石包裹物溶蚀形成的。

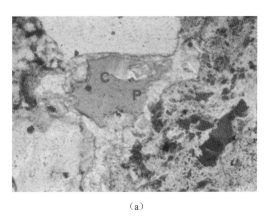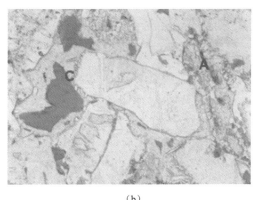

(a)　　　　　　　　　　　　　　　　　　　　(b)

图 4.17　贝中油田南屯组方解石胶结物溶蚀微观特征

(a) 希 3 井, 2 414.71 m,SQn$_1^4$,粒间方解石(C)胶结,方解石内见规则多边形溶孔(P),单偏光,×100;

(b) 希 3 井, 2 405.73 m,SQn$_1^4$,粒间方解石(C)胶结,形成溶孔,见方沸石(A)充填,单偏光,×100

　　方沸石胶结物溶蚀(图 4.18):见方沸石部分溶蚀,或大部分溶蚀形成铸模孔。

　　火山灰溶解:粒间火山灰部分或完全溶蚀,形成粒间溶孔。

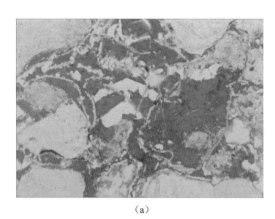
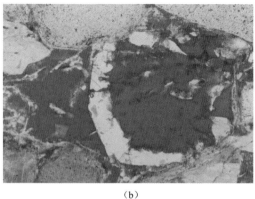

（a）　　　　　　　　　　　（b）

图 4.18　贝中油田南屯组方沸石胶结物溶蚀微观特征

（a）希 3 井，2 417.90 m，SQn$_1^4$，方沸石溶孔，单偏光，×100；

（b）希 3 井，2 417.90 m，SQn$_1^4$，方沸石溶蚀残余及孔隙，单偏光，×100

4.3.2　成岩作用阶段

1. 成岩作用阶段划分标准和依据

贝中油田储层成岩作用阶段的划分标准依据《碎屑岩成岩阶段划分》（SY/T 5477—2003）。划分依据主要体现在以下几个方面。

1）岩石的结构特点

研究区碎屑颗粒接触主要为点-线接触和点接触，其次为线-点接触和线接触（图 4.19）。砂岩胶结类型以孔隙式（占 51.7％）为主（图 4.20）。

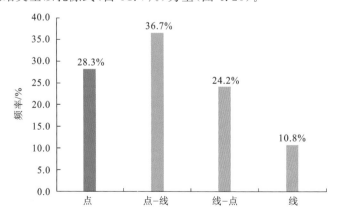

图 4.19　贝中油田砂岩颗粒接触关系直方图

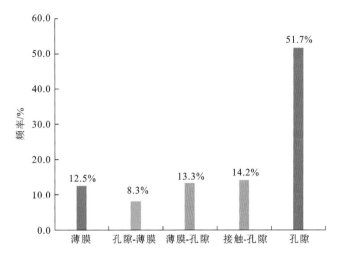

图 4.20　贝中油田砂岩胶结类型直方图

2）自生矿物分布和组合

出现石英加大和自生石英小晶体，长石加大和自生钠长石，方沸石胶结物，含铁方解石-铁白云石-钠长石-方沸石组合。

3）黏土矿物组合和演化

自生黏土矿物组合：伊利石-伊/蒙混层-绿泥石-高岭石，伊/蒙混层为 15％～30％。

4）溶蚀作用及孔隙组合

溶蚀作用强烈，岩屑、长石、碳酸盐胶结物、方沸石发生溶蚀，形成次生溶孔，孔隙组合为粒间孔＋次生溶孔。

5）镜质体反射率

埋深 1 850～3 050 m，镜质体反射率（R_o）为 0.45％～1.02％。

6）最高热解温度

埋深 1 850～3 050 m，最高热解温度（T_{max}）为 302～455 ℃。

2. 成岩作用阶段及成岩演化

根据上述划分依据，贝中油田储层经历了早成岩 A 期、早成岩 B 期和中成岩 A 期，最后成岩阶段为中成岩 A 期（图 4.21）。

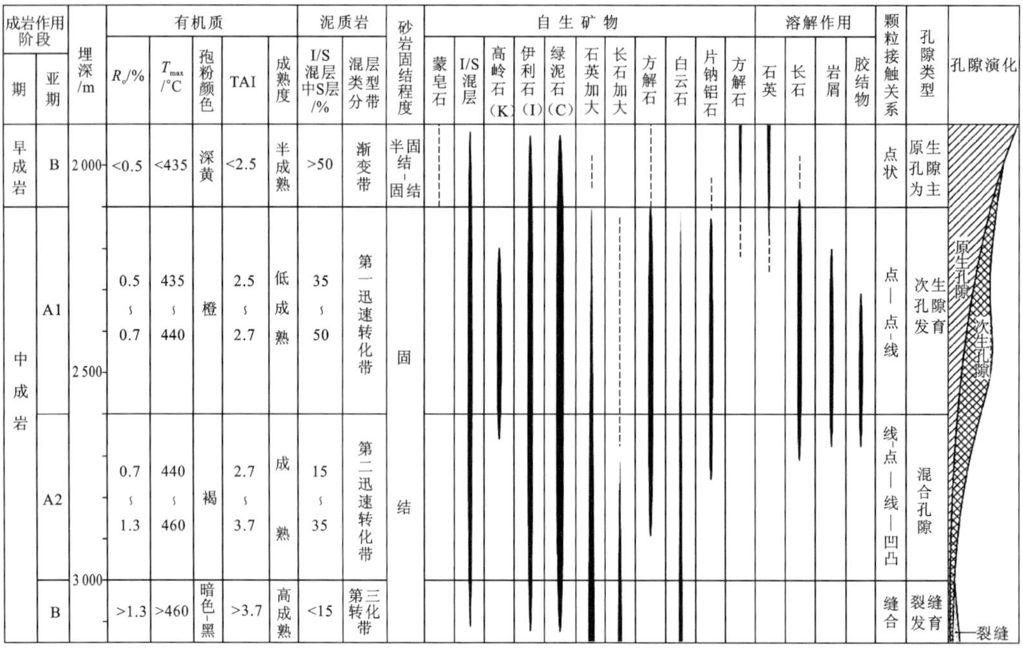

成岩作用阶段		埋深/m	有机质					泥质岩		砂岩固结程度	自生矿物											溶解作用				颗粒接触关系	孔隙类型	孔隙演化
期	亚期		R_o/%	T_{max}/°C	孢粉颜色	TAI	成熟度	I/S混层中S层/%	混层型类分带		蒙皂石	I/S混层	高岭石(K)	伊利石(I)	绿泥石(C)	石英加大	长石加大	方解石	白云石	片钠铝石	方解石	石英	长石	岩屑	胶结物			
早成岩	B	2 000	<0.5	<435	深黄	<2.5	半成熟	>50	渐变带	半固结-固结																点状	原生孔隙为主	
中成岩	A1	2 500	0.5~0.7	435~440	橙	2.5~2.7	低成熟	35~50	第一迅速转化带	固																点-点线	次生孔隙发育	
中成岩	A2		0.7~1.3	440~460	褐	2.7~3.7	成熟	15~35	第二迅速转化带	结																线-点-线-凹凸	混合孔隙	
中成岩	B	3 000	>1.3	>460	暗色-黑	>3.7	高成熟	<15	第三转化带																	缝合	裂缝发育	

图 4.21　贝中油田南屯组成岩阶段划分图

4.3.3　成岩相分析

1. 井成岩相分析

贝中油田希 3 井 SQn_1^4 具有翔实的分析化验资料,储层沉积微相类型具有代表性,结合其成岩作用类型、储集空间组合及储层物性等因素可对其单井成岩相分析(图 4.22)。

1) 4 小层

底部储层主要为水下分支河道沉积砂体,其压实作用和胶结作用弱,粒间孔-溶孔发育,中上部为水下分支河道与河口坝微相,成岩相主要为弱压实强溶解溶孔-粒间孔成岩相,其压实作用和胶结作用表现为中等强度,粒间孔较为发育,孔隙连通性相对较好,孔隙度为 11.60%,渗透率为 $0.16 \times 10^{-3} \ \mu m^2$。

2) 6 小层

水下分支河道微相,中上部以弱压实强溶解溶孔-粒间孔成岩相为主,其间夹有强压实胶结弱溶蚀溶孔-微孔成岩相;而在该小层底部发育弱压实弱胶结粒间孔-溶孔成岩相,其压实作用和胶结作用弱,粒间孔发育,连通性好,孔隙度为 18.10%,渗透率为 $35.6 \times 10^{-3} \ \mu m^2$。

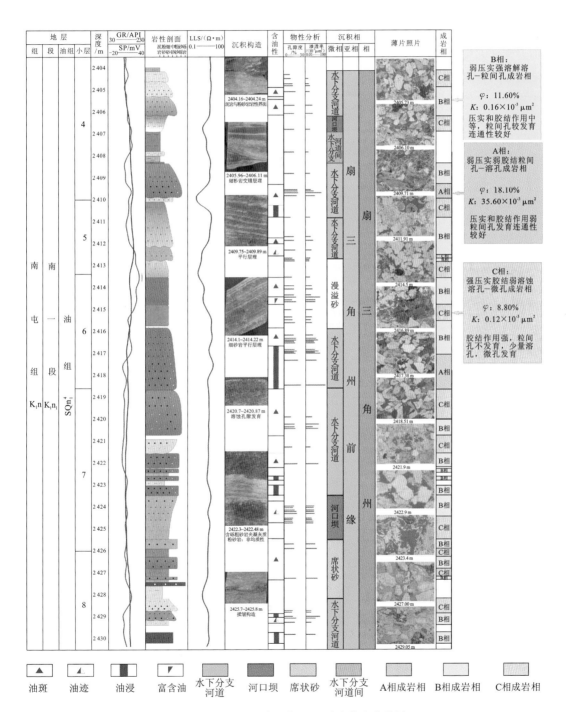

图 4.22　贝中油田希 3 井沉积-成岩综合柱状图

2. 成岩相类型及特征

在贝中油田关键井单井成岩相分析的基础上,将贝中油田储层划分为三类成岩相,即弱压实弱胶结粒间孔-溶孔成岩相、弱压实强溶解溶孔-粒间孔成岩相、强压实胶结弱溶蚀溶孔-微孔成岩相(表4.5)。

表 4.5 贝中油田储层成岩储集相类型及特征

成岩相	A相: 弱压实弱胶结粒间孔-溶孔成岩相	B相: 弱压实强溶解溶孔-粒间孔成岩相	C相: 强压实胶结弱溶蚀溶孔-微孔成岩相
岩石类型	长石岩屑中-砂岩 长石岩屑粗砂岩 凝灰质砂岩	长石岩屑中砂岩 长石岩屑细砂岩 沉凝灰岩	长石岩屑细砂岩 岩屑细砂岩 凝灰岩
颗粒接触关系	点接触	点-线接触	线-点接触
沉积微相	扇三角洲前缘 水下分支河道	扇三角洲前缘水下分支河道 扇三角洲前缘河口坝 扇三角洲前缘漫溢砂	扇三角洲前缘水下分支河道 扇三角洲前缘河口坝 扇三角洲前缘漫溢砂
主要成岩作用	溶解作用	溶解作用	压实作用、胶结作用
次要成岩作用	胶结作用	压实作用、胶结作用	溶蚀作用
储集空间组合	粒间孔 粒间溶孔	粒内溶孔 粒间溶孔 粒间孔	粒内溶孔 微孔
孔隙度/%	>15	10~15	5~10
储集性能	好储层	较好储层	较差储层

三类成岩相特征明显,其中,弱压实弱胶结粒间孔-溶孔成岩相总体为中孔低渗储层,为贝中油田最优质储层,主要为扇三角洲前缘水下分支河道砂体,其颗粒一般分选较好。同时,该类成岩相溶解作用较强,镜下常见其碎屑或填隙物发生强烈的溶解作用而形成的次生孔隙。值得注意的是,该类成岩相在纵向上集中分布在 SQn_1^4,该层位在贝中油田各开发区块均为主力油层。弱压实强溶解溶孔-粒间孔成岩相由于其成岩作用仍以溶蚀作用为主,使得其次生孔隙相对较为发育,储集性能相对较好,同样为贝中油田的优质储层类型。强压实胶结弱溶蚀溶孔-微孔成岩相以压实作用及胶结作用为主,二者均为破坏性成岩作用,对储层起建设作用的溶解作用并不强,因此不利于优质储层的形成。

3. 成岩相平面分布

通过对贝中油田 SQn_1^4 成岩相综合评价,研究区以希 3 井区储层条件最为有利。希 3 井区以 B 相成岩相为主,主要分布在水下分支河道内,在河道末端河口坝沉积中也有所发育,如希 38-50 井和希 48-54 井地区(图 4.23)。

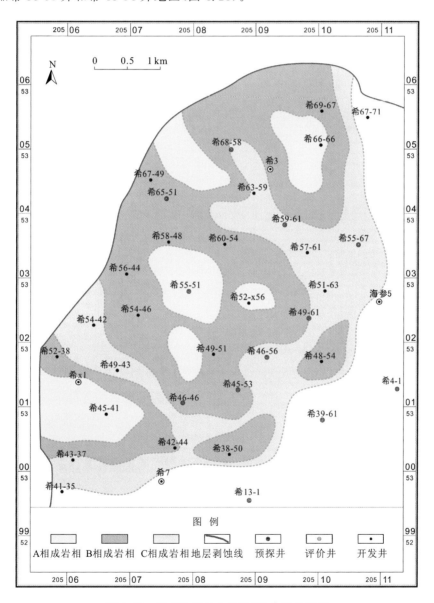

图 4.23　贝中油田希 3 井区 SQn_1^4 成岩相图

A 相成岩相主要分布于中部希 55-51 井–希 52-x56 井一带、北部希 66-66 井附近和南部希斜 1 井–希 45-41 井一带,主要分布于水下分支河道中心或根部位置。

　　C 相成岩相主要分布在水下分支河道漫溢砂体和前缘席状砂体中,呈条带状分布。贝中油田扇三角洲前缘水下分支河道砂体是最有利的成岩相分布区,也是研究区砂体厚度较大的区域,为最有利的储层分布相带。

第5章　贝中油田优质储层形成机制

岩石学组分的富火山物质的特征,显示贝中油田铜钵庙组及南屯组沉积期,火山活动频繁,同时该时期盆地断陷活动强烈,使得其优质砂岩储层的发育受多种因素控制,如构造沉降、沉积类型、基准面变化、成岩作用类型及火山活动强度等。

5.1　构造对储层的控制

构造对储层的控制作用体现在其对沉积作用、成岩作用的控制及储层的改造等方面。本书第3章总结的贝中油田沉积模式显示,各层序的沉积类型严格受不同构造背景的控制。SQn_1^4 沉积时期,贝中地区整体处于构造相对平静期,沉积古地貌较为平缓,绝大部分开发区块沉积类型均以扇三角洲为主,其水下分支河道延伸远,扇体规模大。而自 $SQn_1^{1\sim3}$ 开始,贝中地区逐步进入快速断陷期,断陷规模逐步扩大,湖盆范围显著增大,东部地区主要发育近岸水下扇沉积,西北部地区仅残留较小规模的萎缩型扇三角洲沉积以及滨浅湖滩坝沉积,使得其储层物质条件远不如 SQn_1^4。随着断陷作用持续加强,至 SQn_2 沉积时期,构造沉降达到最大,贝中地区东西边界构造落差均极大,远岸水下扇沉积异常发育,其储层类型主要为水下扇水道砂体。总之,贝中地区,随着盆地断陷作用的不断加强,其储层形成的基础条件是愈发不利的。

贝中油田 SQn_1^4 时期构造活动相对较弱,使得其机械压实作用不强,SQn_1^4 储层成岩相类型以弱压实弱胶结粒间孔-溶孔成岩相为主,储集条件好于南屯组其他时期砂体类型。

此外,研究区储层沉积成岩之后的构造作用产生的大量断层和裂缝(图5.1),既可增加储集空间和极大地提高渗透率,也是孔隙流体运移的重要通道,能促使溶蚀作用加快,有利于优质储层的形成。

（a）希47-47井，2 691.35 m　　　　　　　（b）希斜1井，3 217.15 m

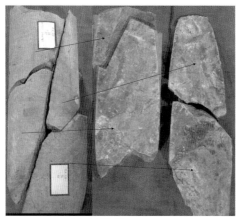

（c）希斜1井，2915.47 m

图 5.1　贝中油田小断层及裂缝

5.2　沉积对储层的控制

　　碎屑组分为储层的物质基础，研究区不同沉积条件下的微相类型及岩性特征直接控制优质储层的发育。

　　贝中油田储层岩性复杂，主要岩石类型有岩屑砂岩、长石岩屑砂岩、凝灰质（粉）砂岩、沉凝灰岩及凝灰岩等，研究区绝大部分油藏分布于各类岩屑砂岩及凝灰质砂岩等储层中。按照沉积的机理来分类，研究区主要包括三种沉积类型：①以牵引流为主重力流次之的扇三角洲及滨浅湖滩坝砂岩沉积；②以重力流中碎屑流为主的远岸水下扇水道砂、砾岩混杂沉积；③以浊流为主的远岸水下扇砂质沉积。其中，以牵引流为主的各类具层理状砂岩是最优质和稳定的储层类型。

　　沉积微相类型对储层条件有直接的控制。研究区扇三角洲前缘水下分流河道砂体厚度大、分布广,由于分选作用明显,砂体基质含量相对较少,有利于优质储层的发育。前文对研究区成岩相的分析表明,贝中油田弱压实弱胶结粒间孔-溶孔成岩相储层为最优质储层,主要发育于扇三角洲前缘水下分流河道砂体。而扇三角洲前缘河口坝、溢岸砂及席状砂等沉积微相为优质储层形成的较有利沉积类型。

　　从 SQn$_1^4$ 中 N14-2 小层孔隙度、渗透率等值线图(图 5.2,图 5.3)与其沉积微相平面分布图(图 5.4)来看,相对高孔、高渗带在平面上的分布与沉积微相的展布相关性较好,总体上顺物源方向物性条件逐渐变差。其中,扇三角洲前缘水下分流河道储层物性普遍较好,其次为河口坝和溢岸砂沉积。

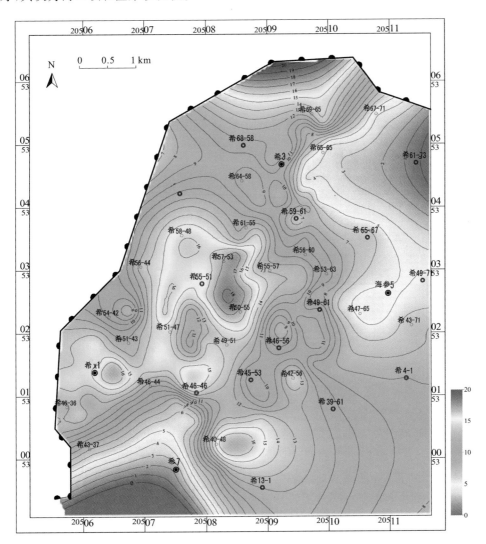

图 5.2　贝中油田 N14-2 小层孔隙度平面图

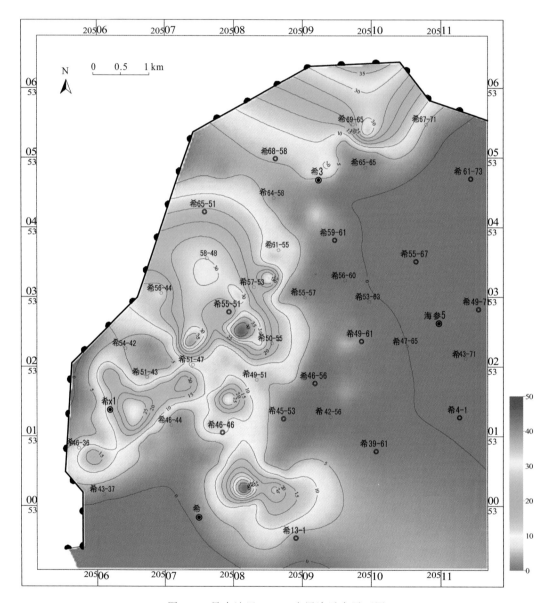

图 5.3 贝中油田 N14-2 小层渗透率平面图

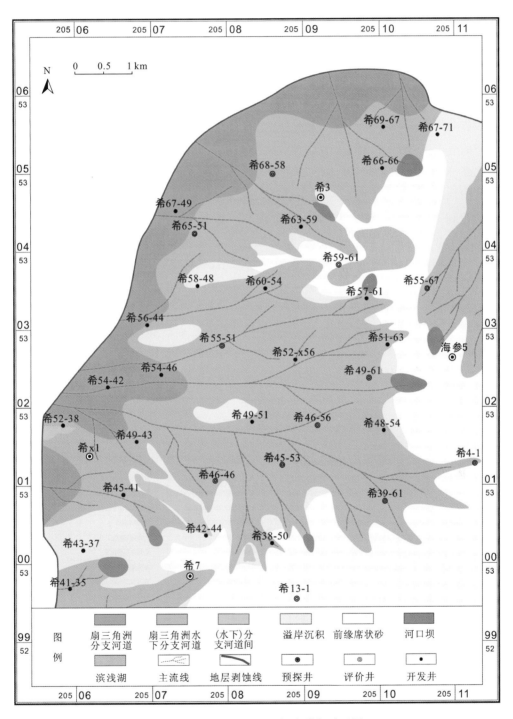

图 5.4　贝中油田 N14-2 沉积微相平面图

5.3　基准面变化对储层发育的控制

基准面变化对储层发育的控制主要体现在优质储层的发育受控于可容纳空间与沉积物供给通量(A/S)的变化:①A/S值直接控制了不同成因的砂体的几何形态、宽厚比、砂体的侧向连续性和砂体间的连接性、相互切割的程度,从而控制了储层内部在垂向上隔夹层的分布;②A/S值的规律性变化,决定了优质储层的发育,低A/S值条件下形成的砂体比高A/S值的质量好,砂体厚,连通性好,延伸范围广。

贝中油田SQn_1^4自下而上基准面总体表现为振荡性的下降过程,在此控制下发育了具弱进积-加积特征的高位期扇三角洲沉积。在整个长期旋回(SQn_1^4)中,自早期至晚期表现为可容空间不断减小,但沉积物通量开始增大,使得其整体看自下而上砂体单层厚度逐渐增厚、粒度变粗、泥质含量逐渐减小,砂体宽厚比减小。在此基础上,基准面升降同时控制了储层物性的变化(图5.5)。分析表明,基准面旋回层序界面附近的短期基准面旋回层序即小层为最有利的储集砂岩发育位置,如N14-3、N14-4、N14-8小层砂体发育,且储层物性好;而湖泛面两侧的短期基准面旋回层,如N14-15小层及N14-16小层储层发育较差。此外,N14-1~N14-5小层总体处于长期基准面下降晚期,持续的进积作用使得三角洲砂体分布规模大,粒度粗、物性好,是优质储集砂体发育的有利位置。

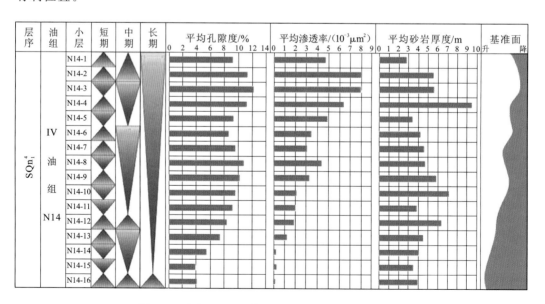

图5.5　贝中油田SQn_1^4基准面变化规律与储层特征

5.4　成岩作用对储层发育的控制

贝中油田储层中各种自生矿物充填胶结广泛发育,是孔隙破坏的主要因素。溶蚀作用在研究区广泛且强烈,是储渗性能改善的主要因素,常见岩屑、长石颗粒溶蚀,以及粒间凝灰质、方解石、方沸石的溶蚀。此外,黏土包壳和烃类早期侵入对胶结作用的抑制有利于优质储层的发育。

前文对贝中油田成岩作用类型进行了描述及分析,贝中油田南屯组主力储层 SQn_1^4 孔隙类型主要为次生孔隙,包括碎屑颗粒(长石和岩屑)溶蚀和填隙物(方解石、方沸石和火山灰)的溶蚀孔隙(图 4.15～图 4.18)。

研究区储层的酸敏、碱敏、水敏性测试结果显示其酸敏程度强于碱敏(图 5.6),即储层中的矿物如长石等更易与酸反应。

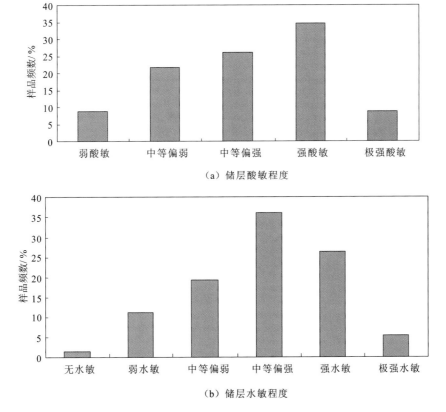

（a）储层酸敏程度

（b）储层水敏程度

图 5.6　贝中油田储层敏感程度

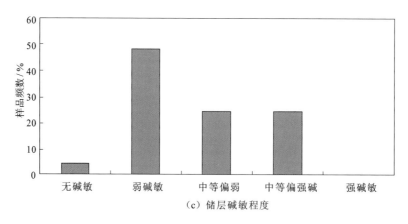

图 5.6　贝中油田储层敏感程度(续)

碳酸盐岩和长石的酸溶机理可以用以下化学反应式来表示:

$$2KAlSi_3O_8 + 2H^+ + H_2O \Longrightarrow Al_2Si_2O_5(OH)_4 + 4SOi_2 + 2K^+ \quad (5.1)$$

钾长石　　　　　　　　　　　　　高岭石　　　　石英

$$2NaAlSi_3O_8 + 2H^+ + H_2O \Longrightarrow Al_2Si_2O_5(OH)_4 + 4SOi_2 + 2Na^+ \quad (5.2)$$

钠长石　　　　　　　　　　　　　高岭石　　　　石英

$$CaAl_2O_8 + 2H^+ + H_2O \Longrightarrow Al_2Si_2O_5(OH)_4 + Ca^{2+} \quad (5.3)$$

钙长石　　　　　　　　　　高岭石

由式(5.1)和式(5.2)可以看出,长石蚀变可形成高岭石和石英。前文对贝中油田储层微观孔隙的观察中,石英与自生高岭石共生较为普遍,表明研究区储层中矿物蚀变主要由酸性溶蚀作用引起。那么酸性溶液来自何处?

贝中油田 SQn_1^4 储层最后成岩阶段为中成岩 A 期(图 4.21),而其上覆的 SQn_1^3 为海塔盆地区域稳定的一套优质烃源岩,能够生成并排出溶解能力强的有机酸,促使孔隙水和层间水呈酸性。酸性溶液运移至储层中便对长石、凝灰岩岩屑、方解石胶结物等进行溶解,从而形成大量次生孔隙,对优质储层的形成起到至关重要的作用。这也就从一个方面解释了海塔盆地各地区主力油层均集中在 SQn_1^4 的原因:紧邻稳定且优质的烃源岩地层,烃源岩不仅为油藏的形成提供了烃类基础,也为优质储层次生孔隙的发育提供了其所需的酸性溶液。

5.5　火山活动对储层储集性能的影响

贝中地区火山活动为本次研究的目的层段的沉积带来了丰富的火山物质,总体来讲大量的火山碎屑不利于优质储层的形成。对贝中油田含油层段岩心的观察发现大量由于凝灰质存在而造成的含油不均。然而,火山活动对优质储层的形成也存在一定的积极因素:火山活动产生的大量火山碎屑在一定条件下可转变为易溶蚀物质,如方沸石、钠长石,为次生孔隙的溶蚀作用提供很好的物质基础。

5.5.1　方沸石及其成因分析

在贝中油田储层中,方沸石发育段一般为孔渗较好的储层发育段,且多是油气层分布段,如希 3 井 SQn_1^4。

方沸石化学式为 $Na(AlSi_2O_6) \cdot H_2O$,单偏光下无色透明,低负突起,无解理,均质体,正交光下全消光。镜下可见六角形、八角形等晶体轮廓或不规则粒状充填于粒间孔中(图 5.7)。常与方解石共生,并作为包裹体被方解石包围,说明其形成时间早于方解石。Coombs 按方沸石的 Si/Al 值分为三种成因类型:①Si/Al＝2.7,硅质火山玻璃与碱性水反应成因;②Si/Al＝2.4,成岩和变质作用成因;③Si/Al＝2～2.2,直接从高碱性水晶析出或高碱水交代沉积物成因。本书中的南屯组火山碎屑岩中产出的方沸石属于第三种成因,以高碱性水直接沉淀方沸石成因为主。本区储层砂岩中含有大量的火山碎屑,这为方沸石的生成提供了很好的物质基础。火山碎屑中溶解出大量的钠、铝、硅等离子,形成碱性中-低温热液,从中沉淀结晶形成方沸石,其形成温度一般小于 100℃。方沸石的存在,可作为本区储层埋藏成岩期碱性热液活动的证据。

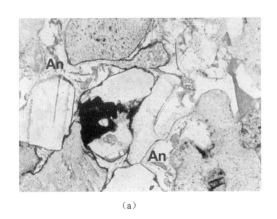 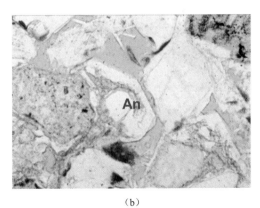

(a)　　　　　　　　　　　　　　　　　(b)

图 5.7　贝中油田南屯组方沸石微观特征

(a) 希 3 井,2 405.73 m,SQn_1^4,粒间方沸石(An)充填,见溶蚀,形成沸石内溶孔,单偏光,×100;

(b) 希 55-51 井,2 530.38 m,SQn_1^4,方沸石(An)自形晶,少量溶蚀,单偏光,×100

5.5.2　钠长石及其成因分析

钠长石是一种三斜晶系的铝硅酸盐矿物,它的化学式为 $NaAlSi_3O_8$,单偏光下无色透明,低负突起,{001}完全解理和{010}较完全解理,正交光下 I 级灰-灰白干涉色,可见聚片双晶。晶体呈板片状、条状,集合体呈放射状或半平行的条状。

本区钠长石有三种产状:一是作为碎屑长石(斜长石和钾长石)的加大边(图5.8),单偏光下,钠长石加大边干净透明,正交偏光下两者消光位不同,与碎屑长石之间有"灰尘线"加以区分;二是粒内溶孔中的钠长石(图5.9),保持碎屑颗粒的外形,显然是与火山岩岩屑经溶蚀作用有关,在碎屑溶蚀的同时有钠长石晶体形成,一些溶孔中还充填有方解石;三是充填于粒间孔和溶孔中的钠长石,是从孔隙水中沉淀形成的,低温热液结晶作用的产物。钠长石的存在,同样是本区储层埋藏成岩期碱性热液活动的证据。

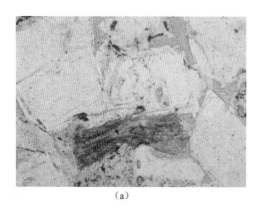
(a)

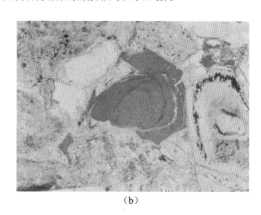
(b)

图5.8　贝中油田南屯组钠长石加大镜下特征

(a) 希55-51井,2527.68 m,长石加大,粒间孔及溶孔,单偏光,×100;

(b) 希3井,2414.50 m,长石加大,铸模孔,单偏光,×100

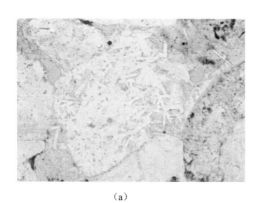
(a)

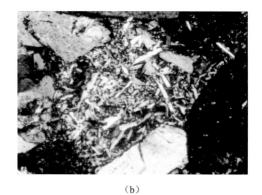
(b)

图5.9　贝中油田南屯组自生钠长石镜下特征

(a) 希3井,2405.73 m,溶孔内自生板状钠长石晶体,凝灰岩岩屑内溶孔,单偏光,×100;

(b) 希3井,2422.90 m,岩屑溶孔,内有溶蚀残余及自生钠长石生长,单偏光,×100

5.6　层序界面附近古大气水淋滤作用

张云峰和冯亚琴(2011)认为古大气水淋滤是改善贝中油田南屯组不整合面附近储层物性的重要因素。本书第 2 章系统地分析了贝中油田层序地层发育特征,表明 SQn_1^4 为一套独立的三级层序,其顶底面均为可追踪对比的不整合面。分别对 SQn_1^4 顶、底界面上下储层特征进行比较,结果表明纵向上在上述两界面处均存在物性变化(图 5.10),反映古暴露期大气水对地层的淋滤作用,也在一定程度上验证了 SQn_1^4 顶、底面均为不整合面的观点。

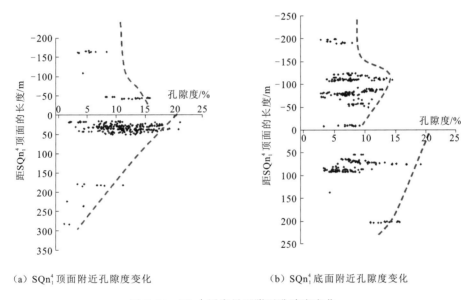

(a) SQn_1^4 顶面附近孔隙度变化　　　　(b) SQn_1^4 底面附近孔隙度变化

图 5.10　SQn_1^4 层序界面附近孔隙度变化

5.7　多因素复合影响下的优质储层发育模式

本节在构造、层序、沉积和成岩演化等研究的基础上,分析火山活动背景下优质储层发育的主要成因机制。在贝中油田,构造作用、沉积作用、成岩作用、基准面变化及火山活动强度等多种因素,共同控制了优质储层的发育。贝中油田优质储层发育的最有利条件主要包括:①烃源岩及蒙皂石向伊/蒙混层转化过程中释放的酸性流体介质的存在;②以扇三角洲前缘水下分支河道为主的有利沉积类型;③火山活动所提供的易溶组分,如方沸石、钠长石等。优质储层发育的其他较有利条件包括:①相对稳定的构造活动背景;

②以牵引流为主要动力机制的陆源碎屑岩类型；③相对较低的 A/S 值条件以及层序界面附近形成的短期基准面旋回；④层序界面附近古大气水淋滤作用；⑤烃类的早期注入及黏土包壳对胶结作用的抑制作用(图 5.11)。

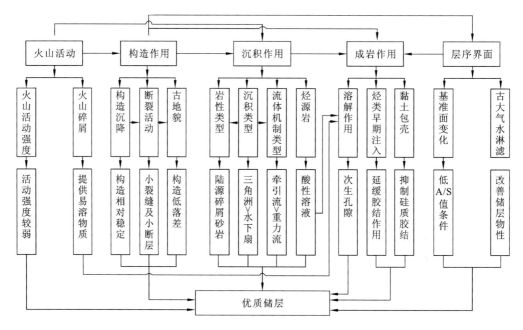

图 5.11　贝中油田火山活动背景下优质储层发育

第三篇　储层识别与油藏解剖

第6章 优质储层解释模型

6.1 储层四性关系

6.1.1 储层四性特征分析

1. 岩性特征

SQn_1^4 油层段岩性主要为细砂岩,砂砾岩、粗砂岩次之,而粉砂岩及砂质砾岩或砾岩的含油性较差。储层泥质含量偏高,岩心统计的储层泥质含量分布范围在 $16\%\sim22\%$;SQn_2 储层岩石填隙物以泥质为主,胶结物以碳酸盐岩及硅质为主,储层泥质含量分布范围在 $6\%\sim20\%$。由于缺少粗成分岩石粒度数据,本次仅对细成分岩石粒度中值进行统计、分析。SQn_1^4 细成分岩石粒度中值分布在 $0.02\sim0.14$ mm,均值为 0.05 mm,SQn_2 细成分岩石粒度中值分布在 $0.03\sim0.1$ mm,均值为 0.09 mm,故就细粒成分而言,SQn_1^4 油层的岩性总体上比 SQn_2 段细。

2. 物性特征分析

SQn_2 储层孔隙度主要分布在 $6\%\sim16\%$,峰值为 8%;渗透率分布范围在 $0.01\times10^{-3}\sim2\times10^{-3}$ μm^2,其中小于 0.1×10^{-3} μm^2 的占 76%,综合评价该段储层属中低孔、特低渗油藏。

$SQn_1^{1\sim3}$ 储层孔隙度分布于 $4\%\sim16\%$,峰值为 6%,渗透率分布范围在 $0.01\times10^{-3}\sim20\times10^{-3}$ μm^2,峰值为 0.05×10^{-3} μm^2,属低孔-特低渗储层。

SQn_1^4 储层孔隙度分布于 $6\%\sim24\%$,峰值为 12%,渗透率分布范围在 $0.1\times10^{-3}\sim$ 40×10^{-3} μm^2。当孔隙度大于 6% 时,渗透率大于 5×10^{-3} μm^2 的占 19%,在 $0.1\times10^{-3}\sim$ 5×10^{-3} μm^2 的占 50%。总体上,SQn_1^4 储层属于中孔、低渗油藏。

SQt 储层孔隙度分布于 $4\%\sim12\%$,峰值为 4%,渗透率均小于 1×10^{-3} μm^2,属低孔-特低渗储层。

3. 含油性特征

从具有油气显示的钻井取心资料上看,SQn_1^4 含油性远好于 SQn_2 及 $SQn_1^{1\sim3}$,其含油级别以油浸为主,含油、油斑次之(图 6.1)。

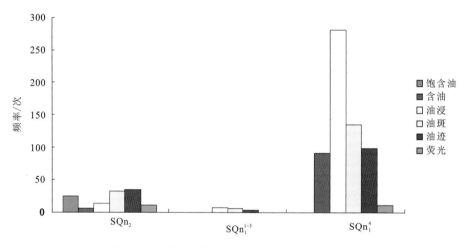

图 6.1　贝中油田钻井取心含油级别统计直方图

4. 电性特征

电性特征是储层岩性、物性及其所含油气特征的综合反映。本区储层密度主要分布范围在 $2.37\sim2.5$ g/m^3,油层电阻率一般大于 23 $\Omega\cdot m$。

1) 电阻率特征

SQn_1^4 油层深电阻率大多数分布在 $15\sim50$ $\Omega\cdot m$,峰值为 34 $\Omega\cdot m$,部分油层电阻率偏高,最高可达 80 $\Omega\cdot m$,为砂岩粒度变粗或含凝灰质成分导致。

SQn_2 油层深电阻率大多数分布在 $20\sim37$ $\Omega\cdot m$,峰值为 25 $\Omega\cdot m$,仅从电阻率分布范围上看,SQn_2 含油远没有 SQn_1^4 饱满,钻井取心的油气显示级别统计结果也说明了这一点。

2) 孔隙度特征

SQn_1^4 油层补偿密度主要分布在 $2.15\sim2.5$ g/m^3,峰值为 2.3 g/m^3,补偿中子数值主要分布在 $10\%\sim27\%$,峰值为 20%;SQn_2 油层补偿密度主要分布在 $2.33\sim2.58$ g/m^3,峰值为 2.5 g/m^3,补偿中子数值主要分布在 $9\%\sim19\%$,峰值为 16%。可见,SQn_1^4 油层

孔隙度明显高于 SQn$_2$。

6.1.2　储层四性关系研究

储层四性关系是储层参数研究的基础,储层内岩性、物性、电性及含油性之间既存在联系又互相制约。

1. 物性与岩性

总体上,各层序储层随着粒度的增大,岩心孔隙度、渗透率增加;随着泥质含量的增加,岩心孔隙度减小,渗透率降低。

通过不同岩性的补偿密度数值统计直方图可以看出,细砂岩、粗砂岩和砂砾岩的补偿密度数值分布范围比较接近,但均值不同,储层孔隙度随着岩性变粗而降低,物性变差(图 6.2)。

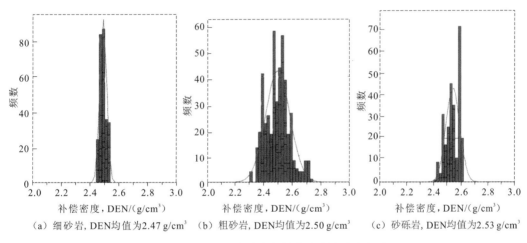

（a）细砂岩,DEN均值为2.47 g/cm³　（b）粗砂岩,DEN均值为2.50 g/cm³　（c）砂砾岩,DEN均值为2.53 g/cm³

图 6.2　不同岩性补偿密度数值分布统计直方图

2. 含油性与岩性

SQn$_1^4$、SQn$_2$ 取心段含油级别与岩性的关系(图 6.3),显示 SQn$_1^4$ 与 SQn$_2$ 油层均以细砂岩为主,粗砂岩次之。SQn$_1^4$ 只有极少部分粉砂岩具有油气显示;SQn$_2$ 粉砂岩主要为荧光级别的油气显示。

3. 含油性与物性

从岩心的油气显示级别与储层孔隙度及渗透率关系图(图 6.4)上看,富含油的岩心段孔、渗明显偏高,荧光显示的岩心段孔、渗明显降低。SQn$_1^4$ 富含油岩心分析孔隙度平均值为 20%,渗透率最大为 46×10^{-3} μm²;油浸级别分析孔隙度平均值为 14.6%,渗透

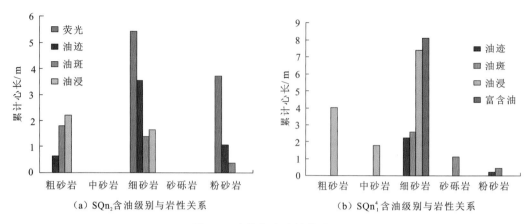

（a）SQn$_2$含油级别与岩性关系   （b）SQn$_1^4$含油级别与岩性关系

图 6.3   岩性与含油性关系图

率平均值约为 $10 \times 10^{-3} \ \mu m^2$，总体上呈现物性越好、含油级别越高的规律。

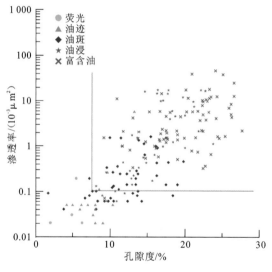

图 6.4   物性与含油性关系图

4．岩性、物性、含油性与电性

研究区内粉砂岩地层电阻率低，一般小于 20 Ω·m；细砂岩、粗砂岩和砂砾岩电阻率数值分布范围互相重叠，较难区分，一般大于 20 Ω·m，部分砂砾岩电阻率偏高，最高达到 300 Ω·m。物性主要受岩石颗粒粗细、泥质含量、胶结物成分等作用的影响。当胶结物为钙质时，物性差；当胶结物为泥质时，泥质含量越低，岩石颗粒越粗，物性越好，电性越高。一般情况下，储层含油性越好，电阻率越高（图 6.5），从电阻率的对应情况来看，物性好的细砂岩油浸段电阻率高，物性较差的粉砂岩为油斑显示，电阻率相对较低。

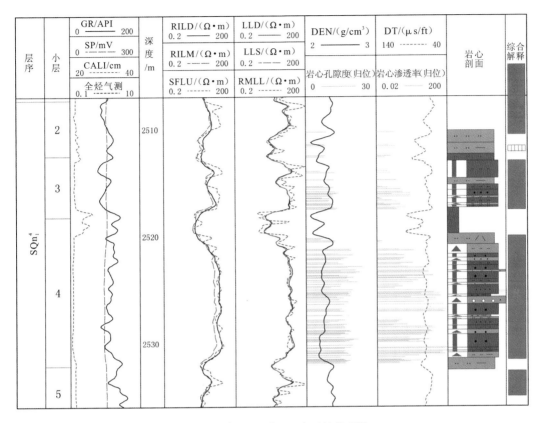

图 6.5　希 55-51 井 SQn$_1^4$ 四性关系图

6.2　储层物性参数模型

6.2.1　孔隙度模型

由于贝中油田不同层序储层特征差异较大,因此储层孔隙度模型的建立以三级层序格架控制,从而保证了模型精度。

结合研究区岩心孔隙度与岩心分析的密度曲线对应关系非常好的特点,本书首先建立 SQn$_1^4$、SQn$_1^{1\sim3}$ 及 SQn$_2$ 岩心孔隙度与岩心岩石密度关系(图 6.6)。

通过分析发现,岩心岩石密度与测井密度对应关系好(图 6.7),不需要分层组建立关系式。根据岩心岩石密度与测井密度关系式以及孔隙度与岩心孔隙度关系,可最终确定各三级层序的孔隙度模型。

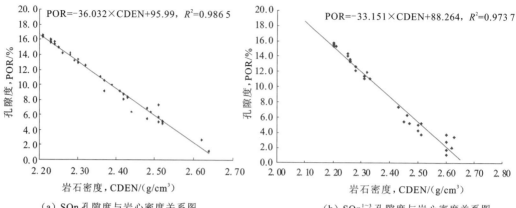

（a）SQn$_2$孔隙度与岩心密度关系图 （b）SQn$_1^{1\sim3}$孔隙度与岩心密度关系图

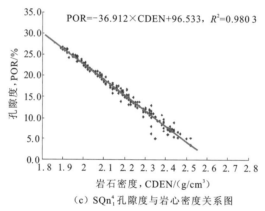

（c）SQn$_1^4$孔隙度与岩心密度关系图

图 6.6　孔隙度与岩心密度关系图

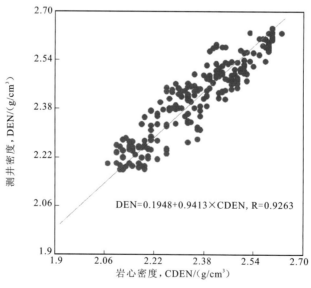

图 6.7　岩心密度与测井密度关系图

SQn$_2$ 孔隙度与测井密度相关系数为 0.920 0,关系式为

$$POR = 103.449 - 38.266 \times DEN \tag{6.1}$$

SQn$_1^{1\sim3}$ 孔隙度与测井密度相关系数为 0.914 0,关系式为

$$POR = 95.126 - 35.206 \times DEN \tag{6.2}$$

SQn$_1^4$ 孔隙度与测井密度相关系数为 0.917 1,关系式为

$$POR = 104.194 - 39.201 \times DEN \tag{6.3}$$

式中,POR 为孔隙度,%;DEN 为测井密度,g/m^3。

6.2.2　渗透率模型

渗透率和孔隙度都与储层的孔隙结构紧密相关,它们既有区别又有联系,对于本书而言,主要将孔隙度作为桥梁来定量计算储层渗透率的大小。

贝中油田岩心孔隙度小于 10% 时,岩心孔隙度与渗透率相关性很差,分析显示,当岩心孔隙度小于 10%,储层岩石颗粒变细,泥质含量增加,两者对储层渗透率有很大的影响,鉴于此,当孔隙度小于 10% 时,本书采用泥质含量和孔隙度二元回归建立渗透率的计算模型,其相关系数为 0.802 3,计算公式如下:

$$\lg(PERM) = -3.190\,425 + 1.114\,013 \times \lg(POR) - 0.718\,804 \times \lg(SH) \tag{6.4}$$

式中,PERM 为渗透率,$10^{-3}\ \mu m^2$;POR 为孔隙度,%;SH 为泥质含量,%。

当储层孔隙度>10% 时,SQn$_1^4$ 与 SQn$_2$ 的渗透率与孔隙度相关性均较好(图 6.8)。

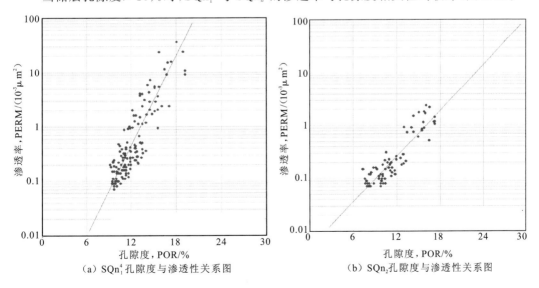

（a）SQn$_1^4$孔隙度与渗透性关系图　　（b）SQn$_2$孔隙度与渗透性关系图

图 6.8　孔隙度与渗透率关系图

SQn_1^4 渗透率与孔隙度相关系数为 0.870 9,其关系式为

$$lg(PERM) = -3.683\ 4 + 0.276\ 9 \times POR \tag{6.5}$$

SQn_2 渗透率与孔隙度相关系数为 0.930 7,其关系式为

$$lg(PERM) = -2.299\ 4 + 0.143\ 9 \times POR \tag{6.6}$$

式中,PERM 为渗透率,$10^{-3}\ \mu m^2$;POR 为孔隙度,%;SH 为泥质含量,%。

6.2.3 储层物性参数模型检验

希 3 井作为模型检验井,其岩心分析数据没有参与研究区孔隙度、渗透率参数模型的建立,测井计算的孔隙度和渗透率与岩心孔隙度、渗透率具有很好的一致性:两取心层段的岩心分析孔隙度分布在 4%~19% 范围内,平均为 11.2%,模型计算孔隙度分布在 3%~19.4% 范围内,平均为 11.39%,平均相对误差为 1.8%,误差非常小,且模型计算孔隙度与岩心分析孔隙度的变化趋势吻合的非常好;两取心层段的岩心分析渗透率分布在 $0.011 \times 10^{-3} \sim 15.24 \times 10^{-3}\ \mu m^2$ 范围内,平均为 $2.6 \times 10^{-3}\ \mu m^2$,模型计算渗透率分布在 $0.02 \times 10^{-3} \sim 14.52 \times 10^{-3}\ \mu m^2$ 范围内,平均为 $2.3 \times 10^{-3}\ \mu m^2$,平均相对误差为 11%。孔隙度、渗透率计算模型都在允许误差范围内。图 6.9 为测井解释与岩心分析的孔隙度、渗透率交会图,表明孔隙度、渗透率模型可靠。

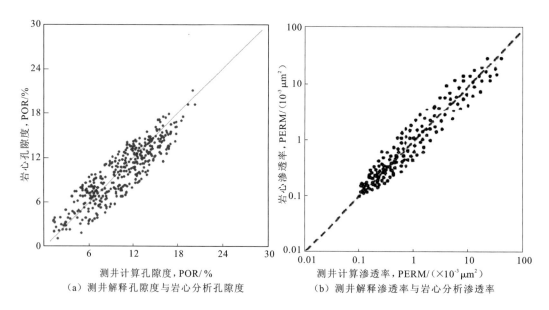

(a) 测井解释孔隙度与岩心分析孔隙度 (b) 测井解释渗透率与岩心分析渗透率

图 6.9 测井解释的孔隙度、渗透率与岩心分析结果对比图

6.3　储层非均质性及成因分析

　　储层在其形成过程中受到沉积环境、成岩作用及构造作用等因素的影响,造成其在空间分布上以及内部属性上都存在不均一性,即储层的非均质性。储层的宏观非均质性更侧重于储层在三维空间上的差异性,主要包括储层在层内、层间及平面分布的非均质性。

　　本节选取贝中油田南屯组油层最为集中的 11 个小层,重点分析评价储层层内渗透率非均质特征(表 6.1)。

表 6.1　贝中油田南屯组渗透率非均质性评价参数统计

小层	评价参数	参数值		样品数/口	样品分布
N22-4	V_k	最大值	6.876 2	136	
		最小值	0.015 0		
		平均值	0.885 7		
	T_k	最大值	68.067 9		
		最小值	1.015 0		
		平均值	4.458 3		
	J_k	最大值	4 562.230 0		
		最小值	1.030 0		
		平均值	237.680 0		
	K_p	最大值	0.985 2		
		最小值	0.014 7		
		平均值	0.415 7		

续表

小层	评价参数	参数值		样品数/口	样品分布
N11-3	V_k	最大值	2.001 8	139	
		最小值	0.009 9		
		平均值	0.544 7		
	T_k	最大值	6.364 6		
		最小值	1.009 9		
		平均值	1.989 4		
	J_k	最大值	2 483.210 0		
		最小值	1.020 0		
		平均值	86.580 0		
	K_p	最大值	0.990 2		
		最小值	0.157 1		
		平均值	0.603 7		
N14-4	V_k	最大值	6.328 7	325	
		最小值	0.080 7		
		平均值	1.542 6		
	T_k	最大值	66.745 8		
		最小值	1.075 0		
		平均值	7.794 2		
	J_k	最大值	13 800.000 0		
		最小值	2.333		
		平均值	1 468.200 0		
	K_p	最大值	0.930 2		
		最小值	0.015 0		
		平均值	0.191 5		

根据 N22-4 小层的 136 口单井资料统计表明,渗透率变异系数(V_k)平均值为 0.885 7,大于 0.7 的样品数占 49.3%;突进系数(T_k)平均值为 4.458 3,大于 3.0 的样品数占 45.6%。而级差系数(J_k)和均质系数(K_p)所反映非均质程度中等,其中,级差系数平均值为 237.68,大于 6.0 的样品数占 58.8%,均质系数小于 0.5 的样品数占到 64.7%,整体该小层非均质性中等。

N11-3 小层的 139 口单井资料统计表明,渗透率变异系数(V_k)平均值为 0.544 7,大于 0.7 的样品数占 25.9%;突进系数(T_k)大于 3.0 的样品数占 11.5%;级差系数(J_k)平均值为 86.58,大于 6.0 的样品数仅占 33.8%;均质系数(K_p)小于 0.5 的样品数也只占 32.4%。以上数据表明该小层整体上非均质性弱。

N14-4 小层的 325 口单井资料统计表明,渗透率变异系数(V_k)平均值为 1.542 6,大于 0.7 的样品数占 92.3%;突进系数(T_k)平均值为 7.794 2,大于 3.0 的样品数占 88.7%。级差系数(J_k)和均质系数(K_p)所反映的非均质性也很强,其中,级差系数最大值超过 1 000,大于 6.0 的样品数约占 97.5%,均质系数小于 0.5 的样品数占到 96.9%,以上数据表明该小层整体上非均质程度非常强。

其形成原因为:SQn_2 沉积期间研究区经历最强烈断陷期,主要发育深湖-半深湖沉积物和近岸水下扇沉积物。在该沉积背景下,N22-4 小层砂岩主要是近岸水下扇沉积物,不仅沉积物粒度粗细分选较差导致物性差异大,而且由于重力作用滑塌形成的沉积物分布范围有限,与周围深水沉积物物性差别较大,这也进一步引起了 N22-4 小层较强的非均质性。

$SQn_1^{1\sim3}$ 沉积期间研究区沉积仍处于强烈断陷期,但较 SQn_2 有所减弱,主要以滨浅湖滩坝沉积为主。N11-3 小层内滩砂、坝砂较为发育,其储层非均质性主要是由于滩坝分布范围有限,相对于周围环境物性存在一定差异。N11-3 小层具有中等强度的水动力,水体相对稳定,沉积物经过一定分选,非均质性相对较弱。

SQn_1^4 沉积期间,研究区处于构造相对稳定期,坡度较平缓,主要形成广泛的扇三角洲沉积。N14-4 小层以扇三角洲前缘沉积为主,储层物性较 N22-4 小层和 N11-3 小层相对更好,但是火山活动在该期间最为强烈,凝灰质沉积物对储集空间的破坏作用最强,导致 N14-4 小层物性优劣差异显著,非均质性明显更强。

第7章 有利储层分布

7.1 储层有效性评价

7.1.1 有效储层物性参数下限

    储层有效厚度是储量计算的主要参数之一,而有效厚度计算的关键是确定有效储层参数的下限值。对于大量未钻井取心和未试油井及井段的有效厚度划分,主要依据有效厚度物性和电性标准进行划分。

    本书分别根据试油资料和钻井取心的油气显示级别来确定研究区 SQn_1^4 和 SQn_2 的孔隙度、渗透率物性下限值。由 SQn_1^4 试油层位孔隙度-渗透率交会图(图7.1)可以确定

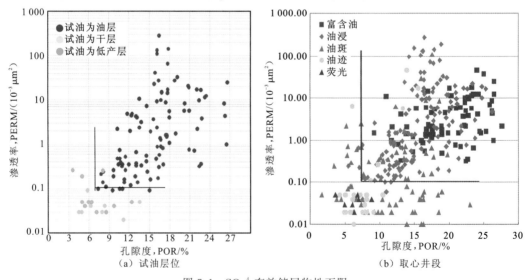

(a) 试油层位   (b) 取心井段

图7.1 SQn_1^4 有效储层物性下限

SQn_1^4 有效储层孔隙度下限为 7%,渗透率下限为 0.1×10^{-3} μm^2。而根据钻井取心油气显示级别确定了相同的有效储层物性下限,这就确保了所确定下限值的可靠性。由于 SQn_2 的钻井取心非常少,因此只能通过试油资料确定其物性下限值。SQn_2 有效储层孔隙度下限为 7%,渗透率下限为 0.2×10^{-3} μm^2。

7.1.2　有效储层分布

贝中油田 SQn_2 有效储层主要分布于希 2 区块,其含油面积为 4.83 km^2;SQn_1^4 有效储层在希 3 区块、希 13 区块及希 2 区块发育程度不同,其中希 3 区块有效储层分布最广,其面积为 13.24 km^2。从希 3 区块有效储层厚度变化规律看,有效储层由西往东逐渐变差,这与希 3 区块物源供给、水流方向、水体深浅变化较为一致,即在希 55-51、希 3、希 x1 等西部区块储层条件最好,有效储层厚度最大(图 7.2)。希 3 区块有效储层分布与成岩相(图 4.23)有较好的响应,表明其发育受沉积微相和成岩作用的控制和影响,扇三角洲水下分流河道是研究区有利的储集砂体发育区,是研究区的重点勘探目标。

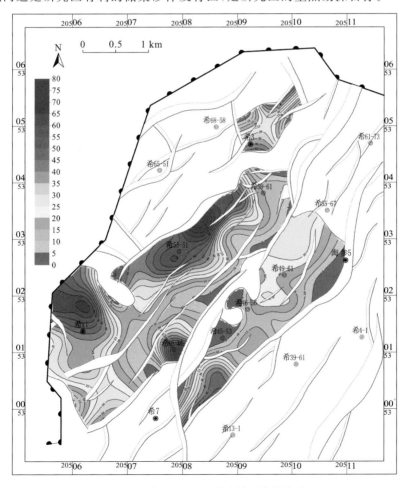

图 7.2　希 3 区块 SQn_1^4 有效厚度等值线

7.2　油藏类型研究

7.2.1　油水层识别标准

　　贝中油田南屯组储层岩性复杂及伴有凝灰质,使部分储层的电阻率较大幅度降低,导致油层电阻率分布范围较宽($10\sim67\ \Omega\cdot m$),而且与水层有诸多交叉,给测井油水层识别带来很大的难度。

　　在希3区块中东部地区,出现了低阻油层,如希49-61井SQn_1^4层位$2\ 644\sim2\ 650\ m$,电阻率为$15\sim20\ \Omega\cdot m$,孔隙度平均为16%,$2\ 647\sim2\ 667\ m$段试油,日产油$20.96\ t$。研究区低阻油层的成因主要有以下两种:①岩石细粒成分增多和黏土矿物(凝灰质)充填与富集,导致地层中微孔隙发育,束缚水含量增加,造成部分油层电阻率较低;②贝中油田地下构造复杂,加上该地区多物源沉积使储层横向变化大,造成各断块油层油水界面参差不齐,给油水层的识别带来了一定困难。

　　针对贝中油田复杂地质条件,区别不同层序建立油水识别标准尤为重要。依据目前试油、试采资料,对各类储层电阻率-密度进行交会(图7.3,图7.4),最终分别确定研究区SQn_1^4、SQn_2的油水层识别标准(表7.1)。

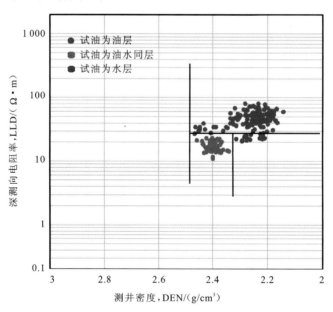

图 7.3　SQn_1^4 DEN-LLD 交会图

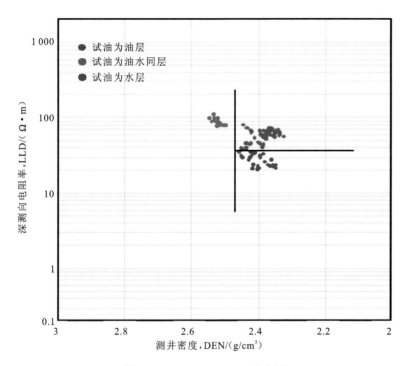

图 7.4　SQn₂ DEN-LLD 交会图

表 7.1　SQn₁⁴ 及 SQn₂ 油水层识别标准表

油水层类别	SQn₁⁴		SQn₂	
	RT/(Ω·m)	DEN/(g/cm³)	RT/(Ω·m)	DEN(g/cm³)
油层	RT≥30	DEN≤2.49	RT≥40	DEN≤2.46
油水同层	10<RT<30	2.33<DEN<2.49	RT>70	2.52>DEN>2.46
水层	RT<30	DEN≤2.33	RT<40	DEN≤2.46

7.2.2　油水界面分析

　　贝中油田目前开发层位集中在 SQn₁⁴ 和 SQn₂,由于其地下构造复杂,同时受到岩性因素的影响,研究区不同断块间油水界面并不统一。从平面上看,贝中油田目前开发区块为希 3 区块、希 2 区块及希 13 区块。根据构造和沉积背景,考虑断层控制和岩性因素影响,本书将希 3 区块进一步划分为希 55-51、希 43-53、希 46-46、希 3 北、希斜 1 共 5 个井区,依据测井、试油及构造等资料,分区块确定油水界面。油藏的油水边界根据同一区块内具有完整油水系统的井的油底和水顶的海拔来确定。

1. 希 3 区块

在希 55-51 井区,优选油水过渡区井 14 口,统计其油层最低海拔及水层最高海拔,综合动态产能,最终确定该区块油水界面海拔为−2 045 m(图 7.5,图 7.6)。同样确定了希 3 区块其他主要井区油水界面(图 7.7):希 43-53 井区油水界面海拔为−2 210 m;希 46-46 井区油水界面海拔为−2 050 m;希 3 北井区油水界面海拔为−1 810 m;希斜 1 井区油水界面海拔为−2 055 m。

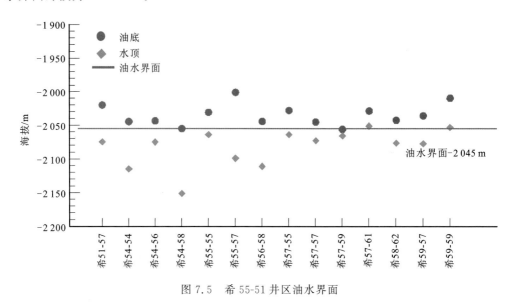

图 7.5　希 55-51 井区油水界面

2. 希 13 区块

在希 13 区块位于贝中油田西南部,发育西南方向物源的扇三角洲前缘沉积,总体为一简单背斜构造,其油水关系较为清晰,油水界面为−1 925 m,过希 39-60 井-希 29-61 井的油藏剖面对该界面有较好的反映(图 7.8)。

3. 希 2 区块

希 2 区块受构造作用和岩性因素共同控制,油水系统更为复杂,表现在不同区块、不同层段包含不同油水系统。SQn_2 油藏由于主要受岩性控制,表现为多套油水系统:在希 2 井区东部存在两个油水界面,分别为−1 705 m 和−1 930 m;在希 2 井区西北部同样有两个油水界面的体现,分别为−1 780 m 和−1 980 m。上述 SQn_2 油藏油水界面规律性均不强,一定程度上表明了岩性油藏的特征。而 SQn_1^4 油藏整体表现为一套油水系统,油水界面为−2 180 m(图 7.9)。

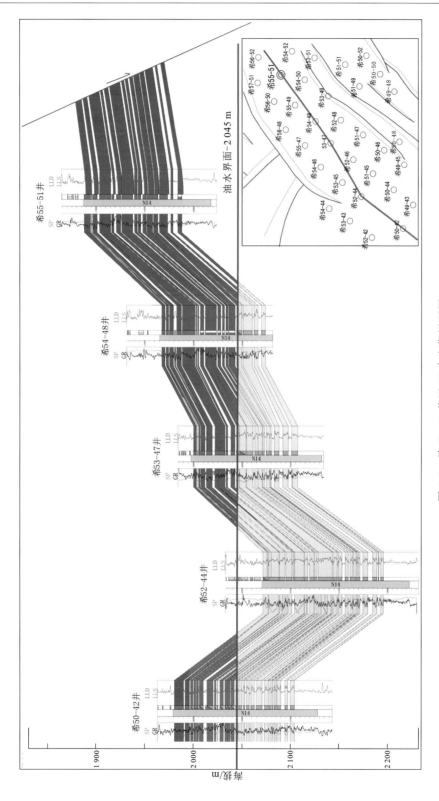

图 7.6 希 55-51 井区 SQn$_1^4$ 油藏剖面图

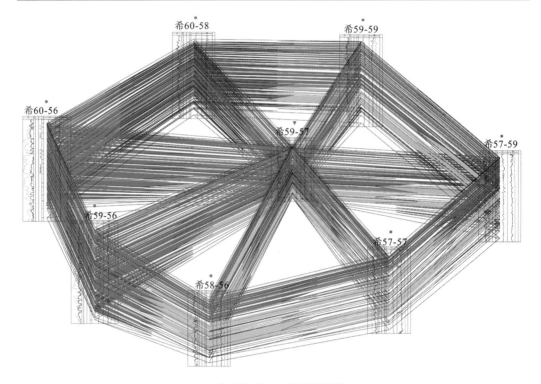

（a）希3区块希59-57井油藏栅状图

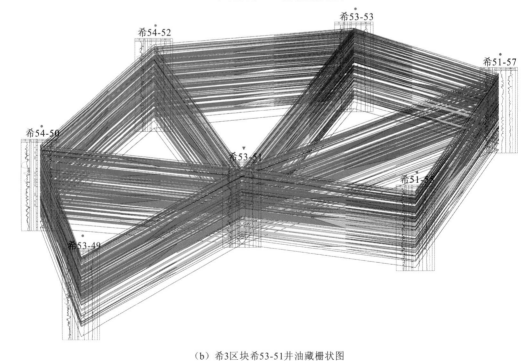

（b）希3区块希53-51井油藏栅状图

图 7.7　希 3 区块重点井区 SQn$_1^4$ 油藏栅状连通图

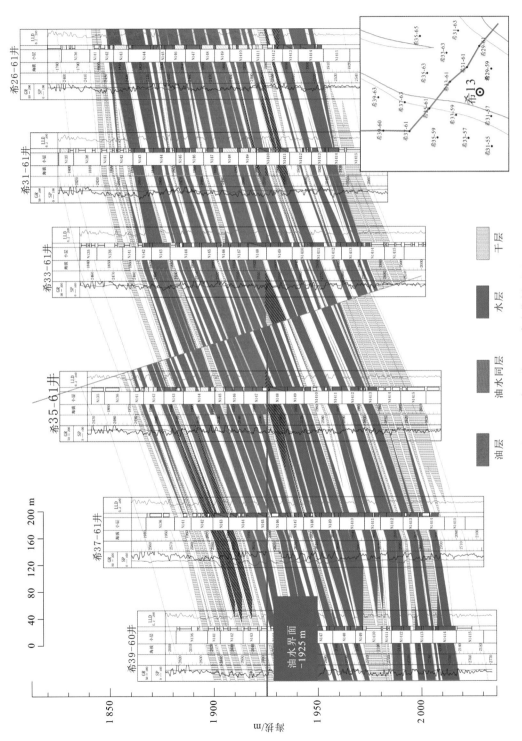

图 7.8 希 13 井区 SQn$_1^4$ 油藏剖面图

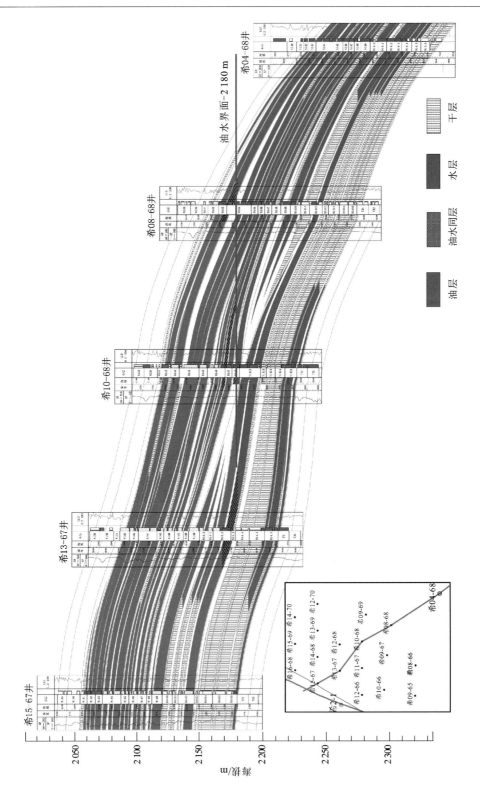

图 7.9　希 2 井区SQn$_1^4$油藏剖面图

7.2.3　主要小层(短期旋回)油层平面展布特征

1. 希 3 区块

希 3 区块以 SQn_1^4 油层为主,分布在希 3 区块的中部及西南部。从砂体的几何形态、砂体规模及侧向连续看,油砂体常呈土豆状、席状连片分布,侧向连续性好,且规模较大(图 7.10)。SQn_1^4 油层均以构造控制为主,岩性影响为辅。从垂向上看,其 N14-1～N14-4 小层为主力油层,N14-5～N14-7 小层砂体面积萎缩,主要分布在希 3 区块西部地区。

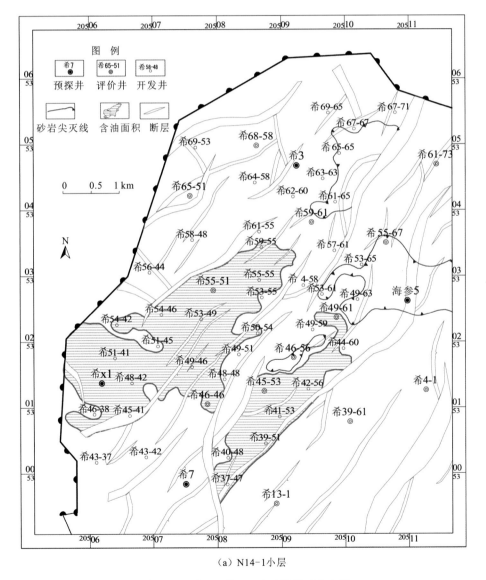

(a) N14-1 小层

图 7.10　希 3 区块 SQn_1^4 油层平面分布图

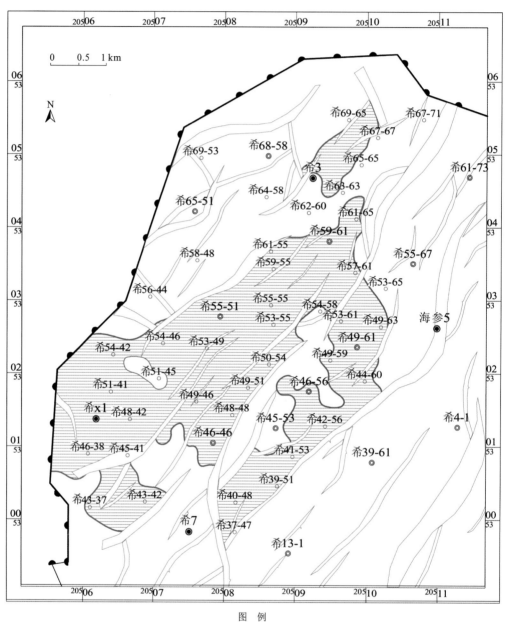

图 例

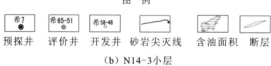

预探井　评价井　开发井　砂岩尖灭线　含油面积　断层

（b）N14-3小层

图 7.10　希 3 区块 SQn$_1^4$ 油层平面分布图（续）

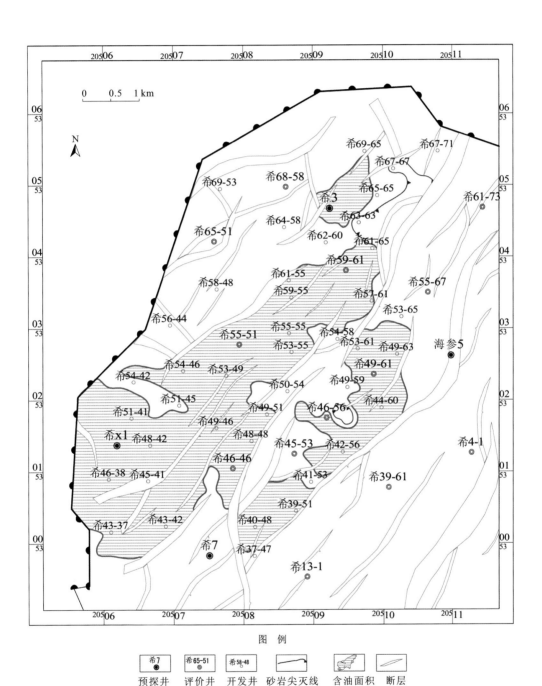

图 7.10　希 3 区块 SQn_1^4 油层平面分布图（续）

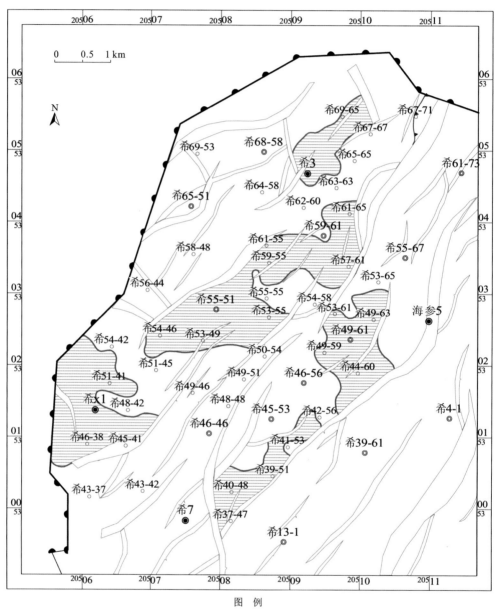

图 例

希7	希65-51	希58-48	⌐	⬢	⟋
预探井	评价井	开发井	砂岩尖灭线	含油面积	断层

（d）N14-7小层

图 7.10　希 3 区块 SQn_1^4 油层平面分布图（续）

2. 希 13 区块

希 13 区块 SQn_1^4 发育油层,集中分布在区块南部,主要受构造作用控制。油砂体呈土豆状、带状分布,规模较小,侧向连续性中等。SQn_1^4 在垂向上以 N14-4～N14-8 小层为主力油层,N14-9～N14-13 小层规模减小、连续性差(图 7.11)。

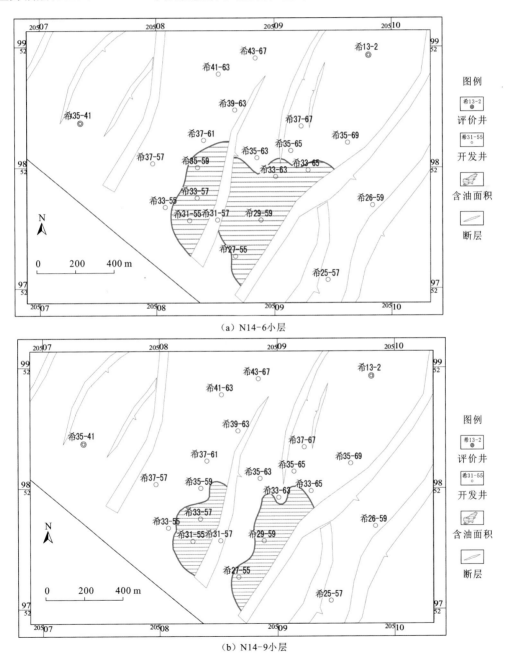

（a）N14-6 小层

（b）N14-9 小层

图 7.11　希 13 区块 SQn_1^4 油层平面分布图

3. 希 2 区块

希 2 区块同时发育 SQn_2 和 SQn_1^4 油层。在 SQn_2 内，油砂体以土豆状为主，集中分布在区块中部，其中南二段 II 油组、南二段 III 油组为其主力油层，侧向连续性中等，南二段 IV 油组砂体规模明显减小，侧向连续性差，以构造油藏为主，仅在东南部有岩性油藏（图 7.12）。

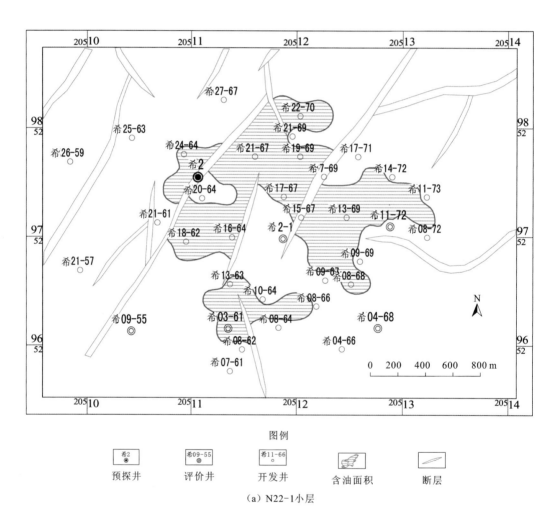

（a）N22-1小层

图 7.12 希 2 区块 SQn_2 油层平面分布图

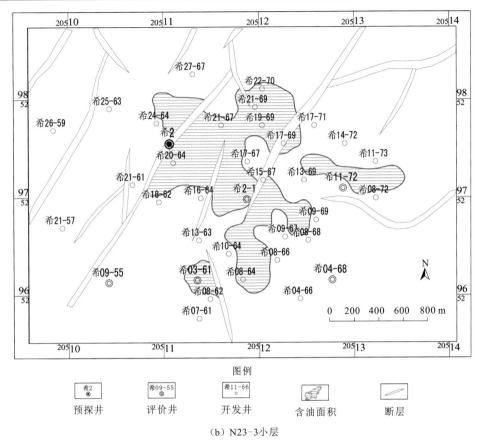

（b）N23-3小层

图 7.12　希 2 区块 SQn_2 油层平面分布图（续）

7.2.4　油藏类型

贝中油田南屯组发育多套油层,受构造作用和岩性因素的影响,自下而上形成多套油水组合的复合型油藏,垂向上一套油水系统内多呈上油下水或上油下干的分布规律。受断层和沉积背景的控制,油藏分布在不同断块间存在不同特征,本书针对希 3、希 13 和希 2 区块分别对 SQn_1^4 和 SQn_2 油藏类型进行了分析,具体特征如下。

SQn_2 油层主要位于希 2 区块,以岩性控制作用为主,构造因素为辅,含有两套油水系统,主力油层分布在 II、III 油组,但是平面上规模较小、侧向连续性差,纵向上分布油、水、同、干的多种组合方式。

SQn_1^4 油层在希 3、希 13 和希 2 区块均有分布,其中希 3 区块平面上规模最大、侧向连续性最好,希 13 区块次之,希 2 区块较差。SQn_1^4 油藏整体以构造控制为主,同时受岩性因素影响,主要发育构造油藏,仅在希 2 区块的东南部有部分岩性油藏发育。SQn_1^4 整体为一套油水系统,在希 3 区块主力油层为 N14-1～N14-10 小层,希 13 区块为 N14-4～N14-8 小层,希 2 区块油层相较不发育,主要分布在 N14-2～N14-5 小层,纵向上有油-干、油-同-水、油-水等分布形式(图 7.13)。

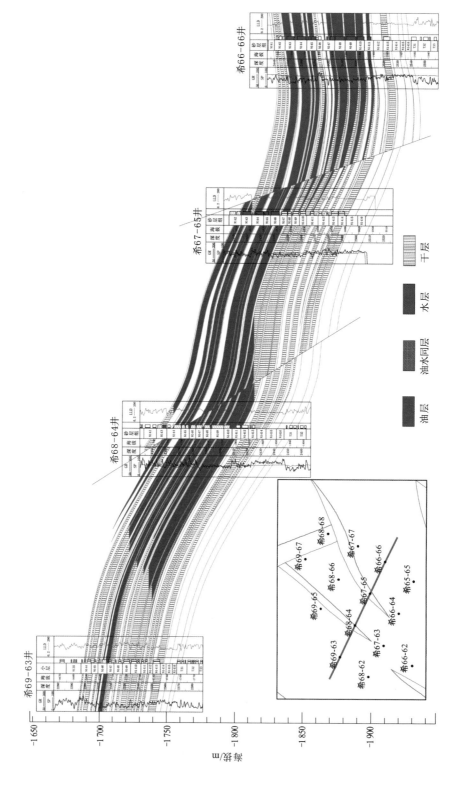

图 7.13　希 3 北井区 SQn_1^4 油藏剖面图

7.3 有利储层评价标准与分布预测

7.3.1 有利储层评价标准

本次研究的一个主要目的是寻找贝中油田最具动用价值的有利储层,为下一步动用对策提供地质依据。前文有效储层分布及油藏类型研究表明,SQn_1^4 为贝中油田主力油层段,落实 SQn_1^4 动用价值的有利储层分布对于贝中油田的进一步开发至关重要。鉴于此,本书结合优质储层形成机制,以有效储层评价为基础,根据试油、投产、射孔及测井资料,针对贝中油田 SQn_1^4 重点区块进行有利储层分布研究,主要基于以下几个方面的因素。

1. 有利的构造条件

SQn_1^4 油藏整体以构造控制为主,圈闭幅度发育好与构造高部位区域是最有利的构造条件;贝中油田长期继承性同沉积断裂对于砂体的分布有着重要影响;希 55-51 井西侧反向断层对油气的遮挡作用对油气成藏起着重要的控制作用。

2. 有利的基准面位置

贝中油田 SQn_1^4 中 N14-1～N14-5 小层总体处于长期基准面下降晚期,持续的进积作用使得三角洲砂体分布规模大、物性好,是优质储集砂体在纵向上的有利发育位置。

3. 有利的微相类型

沉积微相类型相对储层条件有直接的控制:贝中油田扇三角洲前缘水下分流河道砂体厚度大、分布广,由于分选作用明显,砂体基质含量相对较少,为最有利的微相类型;而扇三角洲前缘河口坝、溢岸砂及席状砂等沉积微相为优质储层形成的较有利沉积类型。

4. 有利的成岩相

弱压实弱胶结粒间孔-溶孔成岩相(成岩相 A 相)总体为中孔低渗储层,为贝中油田最优质储层,主要分布于希 3 区块中部希 55-51 井—希 52-x56 井一带、北部希 66-66 井附近和南部希斜 1 井—希 45-41 井一带(图 4.23)。

5. 有利的储层物性条件

总体上顺物源方向,砂层厚度大的区域孔、渗好。希3区块 SQn_1^4 孔隙度、渗透率高值区位于研究区中部的希55-51井区(图5.2,图5.3);希13区块 SQn_1^4 孔隙度高值区位于希13井区附近,渗透率高值区位于希31-61井区。

6. 有效储层分布范围

SQn_1^4 有效储层在希3区块分布最广,其中在希55-51、希3、希x1等西部区块有效储层厚度最大,储层条件最好(图7.2)。

7. 储层分类标准动态依据

储层分类标准建立的动态依据为:I类有利储层——压前试油或投产日产油量大于或等于3 t;II类有利储层——压后试油或投产日产油量大于或等于3 t;III类有利储层——压后试油或投产日产油量小于3 t(图7.14)。

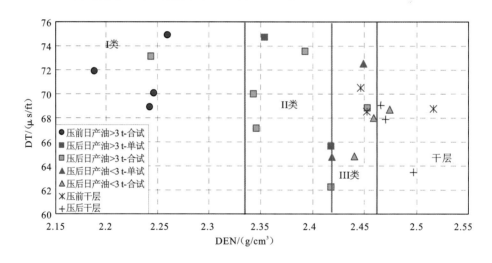

图7.14　希3区块 SQn_1^4 储层分类图版

由于希13区块及希2区块目前压前试油或生产的井均较少,因而对研究区内有压前试油资料的井进行整理分析,对比之后压裂投产的日产量,回归压前试油和压后投产日产量的关系,补充得到I类有利储层新的划分标准:压前试油(投产日产油量)大于或等于3 t或者压后试油(投产日产油量)大于或等于9 t。

在建立不同类型储层各种特征参数与动态资料的关系后,反映出物性是进行储层分类的主控因素,可优选密度测井曲线来建立测井分类标准(表7.2)。

表 7.2　贝中油田 SQn_1^4 储层分类标准统计表

区块	有利储层类别	DEN /(g/cm³)	试油或投产日产界限 /(t/d)	构造条件	微相类型	成岩相
希 3	I 类	≤2.34	压前≥3	构造高部位,紧邻反向断层,靠近基底同沉积断裂	水下分支河道	A 相
	II 类	2.34～2.42	压后≥3	构造高部位,靠近基底同沉积断裂	水下分支河道、河口坝	A 相、B 相
	III 类	2.42～2.46	压后<3	构造斜坡部位	水下分支河道、河口坝、溢岸砂	B 相、C 相
	干层	>2.46				
希 13	I 类	≤2.38	压前≥3 t 压后≥9 t	构造高部位	水下分支河道	A 相、B 相
	II 类	2.38～2.425	压后≥3 t	构造高部位	水下分支河道	B 相
	III 类	2.428～2.48	压后<3 t	构造斜坡部位	水下分支河道、河口坝、溢岸砂	B 相、C 相
	干层	>2.48				
希 2	I 类	≤2.37	压前≥3 t 压后≥9 t	构造高部位,靠近基底同沉积断裂	水下分支河道	A 相、B 相
	II 类	2.37～2.43	压后≥3 t	构造高部位	水下分支河道、河口坝	B 相
	III 类	2.43～2.49	压后<3 t	构造斜坡部位	水下分支河道、河口坝、溢岸砂	B 相、C 相
	干层	>2.49				

7.3.2　有利储层分布预测

　　根据上述贝中油田重点开发区动用储量分类评价方法,以 SQn_1^4 为重点研究对象,分别确定了希 3 区块、希 13 区块及希 2 区块三类有利储层的厚度及分布范围。

　　I 类有利储层为贝中油田主要储层类型,总体看来由西向东逐渐变差,与物源供给、水体深浅变化较为一致,显然受控于研究区沉积作用。I 类有利储层分布区主要包括以下几个方面。

　　(1) 希 57-51 井-希 57-53 井一线,该区域以扇三角洲前缘水下分支河道砂体异常发育,紧邻西侧起遮挡作用的反向断层,同时储层厚度普遍大于 20 m,分布面积广,为贝中油田有利储层最为发育区,应该作为贝中油田首选动用区域(图 7.15)。

　　(2) 希 54-46 井周边以及希 61-57 井-希 61-59 井一线,此两处分别为于希 55-51 井区南、北两侧,I 类有利储层厚度为 20～40 m,为分布范围较小的 I 类有利储层发育区。

　　(3) 希 46-46 井及以东至希 49-46 井地区,相对而言此区域距物源较远,基本位于扇

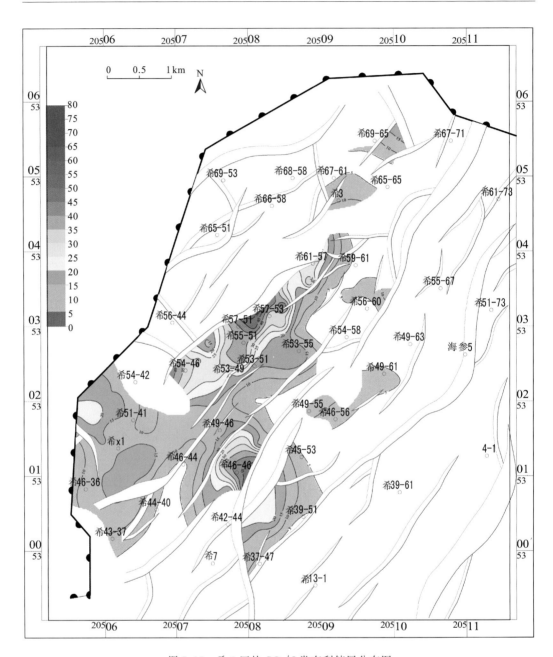

图 7.15　希 3 区块 SQn_1^4 I 类有利储层分布图

三角洲前缘河口区,但由于多级断裂形成的坡折带控砂作用使得其所处位置砂体发育,储层分布面积较广,厚度较大,应作为贝中油田油藏外拓的重点目标区域。

(4) 希 2 区块及希 13 区块两处 SQn_1^4 油藏均为典型的构造油藏,其油水关系落实,虽然各自油藏分布面积均不大,但其储层质量极好,尤其油藏高部位如希 2-1 井附近地区,均主要发育 I 类有利储层。

与 I 类有利储层分布范围相比,II 类有利储层类型在贝中油田希 3 区块发育更为广泛,集中体现在 3 个 II 类有利储层分布区。

(1)希斜 1 井区南部希 46-36 井–希 43-37 井一线以及北部希 54-42–希 51-41 井一线均有着较大面积的展布,其储层规模也明显增大(图 7.16)。

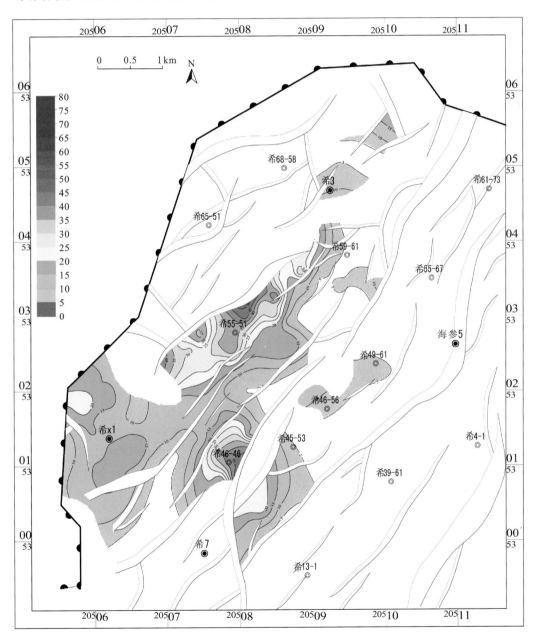

图 7.16 希 3 区块 SQn$_1^4$ II 类有利储层分布

（2）位于三角洲前端的希 49-55 井–希 46-56 井一线以及希 39-51 井–希 38-48 井一线，II 类有利储层均有不同程度的分布，厚度普遍大于 10 m。

（3）希 3 北井区尤其是希 67-61 井以北区域 II 类有利储层最为发育。

III 类有利储层在贝中油田普遍不甚发育，仅在希 3 区块局部地区有所发育，如希斜 1 井附近、希 39-51 井附近及希 49-63 井附近地区有所发育，该类储层规模均较为有限、连续性较差，厚度一般小于 20 m（图 7.17）。

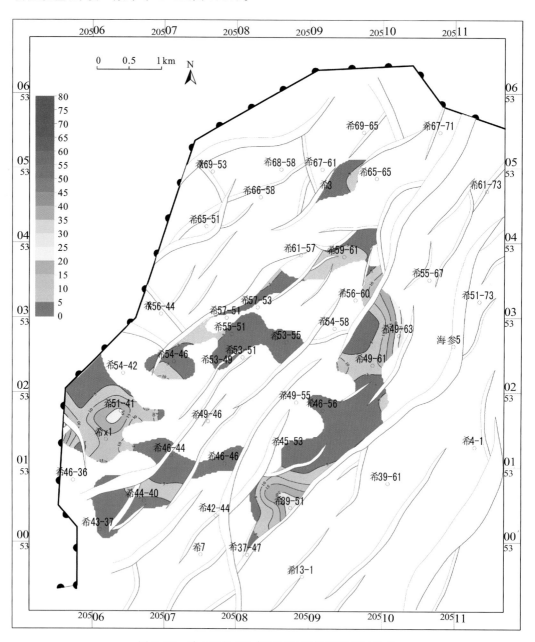

图 7.17　希 3 区块 SQn$_1$ II 类及 III 类有利储层分布

参 考 文 献

鲍志东,管守锐,李儒峰,等.2002.准噶尔盆地侏罗系层序地层学研究.石油勘探与开发,29(1):48-51.

鲍志东,赵立新,王勇,等.2009.断陷湖盆储集砂体发育的主控因素:以辽河西部凹陷古近系为例.现代地质,23(4):676-682.

鲍志东,赵艳军,祁利祺,等.2011.构造转换带储集体发育的主控因素:以准噶尔盆地腹部侏罗系为例.岩石学报,27(3):867-877.

操应长,姜在兴,夏斌.2003.幕式差异沉降运动对断陷湖盆中湖平面和水深变化的影响.石油实验地质,25(4):323-327.

陈发景,贾庆素,张洪年.2004.传递带及其在砂体发育中的作用.石油与天然气地质,25(2):144-148.

陈守田,刘招君,崔凤林,等.2002.海拉尔盆地含油气系统.吉林大学学报:地球科学版,32(2):151-154.

陈守田,刘招君,刘杰烈.2005.海拉尔盆地构造样式分析.吉林大学学报:地球科学版,35(1):39-42.

程日辉,王璞珺,刘万洙.2003.构造断阶对沉积的控制:来自地震、测井和露头的实例.沉积学报,21(2):255-259.

邓宏文.1995.美国层序地层研究中的新学派:高分辨率层序地层学.石油与天然气地质,16(2):89-97.

邓宏文,王洪亮.1999.中国陆源碎屑盆地层序地层与储层展布.石油与天然气地质,20(2):108-114.

邓宏文,王红亮,王敦则.2001.古地貌对陆相裂谷盆地层序充填特征的控制:以渤中凹陷西斜坡区下第三系为例.石油与天然气地质,22(4):293-296.

邓宏文,王红亮.2007.沉积物体积分配原理高分辨率层序地层学的理论基础.地学前缘,7(4):305-313.

邓宏文,郭建宇,王瑞菊,等.2008.陆相断陷盆地的构造层序地层分析.地学前缘,15(2):
　　1-7.

樊太亮,李卫东.1999.层序地层应用于陆相油藏预测的成功实例.石油学报,20(2):
　　12-17.

冯有良.1999.东营凹陷下第三系层序地层格架及盆地充填模式.地球科学:中国地质大
　　学学报,24(6):635-642.

冯有良,李思田.2000.陆相断陷盆地层序形成动力学及层序地层模式.地学前缘,7(3):
　　119-132.

冯有良,徐秀生.2006.同沉积构造坡折带对岩性油气藏富集带的控制作用:以渤海湾盆
　　地古近系为例.石油勘探与开发,33(1):22-25.

高先志,李晓光,李敬生,等.2007.兴隆台地区沙三段砂体发育模式与岩性油气藏勘探.
　　石油勘探与开发,34(2):187-189.

顾家裕.1995.陆相盆地层序地层学格架概念及模式.石油勘探与开发,22(4):6-10.

韩涛,彭仕宓,黄述旺,等.2007.南阳凹陷东部地区核二段储层"四性"关系研究.石油天
　　然气学报,29(1):69-73.

韩登林,张昌民,尹太举.2010.层序界面成岩反应规律及其对储层储集物性的影响.石油
　　与天然气地质,31(4):449-454.

何治亮.2004.中国陆相非构造圈闭油气勘探领域.石油实验地质,26(2):194-199.

和政军,宋天锐,丁孝忠,等.2000.燕山中元古代裂谷早期同沉积断裂活动及其对事件沉
　　积的影响.古地理学报,2(3):83-91.

胡受权,郭文平,颜其彬,等.2000.断陷湖盆陡坡带陆相层序地层的"沉积滨线坡折"问题
　　探讨.古地理学报,2(4):20-29.

胡宗全.2004.层序地层研究的新思路:构造-层序地层研究.现代地质,18(4):549-554.

胡宗全,朱筱敏.2002.准噶尔盆地西北缘侏罗系储层成岩作用及孔隙演化.石油大学学
　　报:自然科学版,26(3):16-19.

黄洁,朱如凯,侯读杰,等.2010.沉积环境和层序地层对次生孔隙发育的影响:以川中地
　　区须家河组碎屑岩储集层为例.石油勘探与开发,37(2):158-166.

黄学,蒙启安,张民志,等.2010.海拉尔盆地碳钠铝石-柯绿泥石-钠板石三元共生特征及
　　其油气地质意义.石油学报,31(2):259-263.

黄有泉,渠永宏.2006.海拉尔盆地贝尔凹陷南屯组兴安岭群油组划分原则.大庆石油地
　　质与开发,25(5):21-23.

纪友亮.1996.陆相断陷盆地层序地层学.北京:石油工业出版社:1-74.

纪友亮,曹瑞成,蒙启安,等.2009a.塔木察格盆地塔南凹陷下白垩统层序结构特征及控
　　制因素分析.地质学报,83(6):827-835.

纪友亮,蒙启安,曹瑞成,等.2009b.贝南凹陷古地形对层序结构及沉积充填的控制.同济
　　大学学报:自然科学版,(11):1541-1545.

贾爱林,何东博,郭建林,等.2004.扇三角洲露头层序演化特征及其对砂岩储集层的控制

作用.石油勘探与开发,31(B11):103-105.

雷燕平,林畅松,刘景彦,等.2007.海拉尔盆地贝尔凹陷下白垩统层序地层与沉积体系分析.石油地质与工程,21(5):11-15.

雷燕平,林畅松,刘景彦,等.2008.贝尔凹陷下白垩统构造对沉积充填和砂体分布的控制.石油天然气学报,(2):25-29.

李春柏,张新涛,刘立,等.2006.布达特群热流体活动及其对火山碎屑岩的改造作用:以海拉尔盆地贝尔凹陷为例.吉林大学学报:地球科学版,36(2):221-226.

李军辉,卢双舫,柳成志,等.2009.贝尔凹陷贝西斜坡南屯组层序特征及其油气成藏模式研究.沉积学报,27(2):306-311.

李森明.2006.利用对比技术分析吐哈盆地台北凹陷储层孔隙特征及有效性.石油学报,27(1):47-52.

李思田,林畅松,解习农,等.1995.大型陆相盆地层序地层学研究:以鄂尔多斯中生代盆地为例.地学前缘,2(3-4):133-136.

李思田,潘元林,陆永潮,等.2002.断陷湖盆隐蔽油藏预测及勘探的关键技术:高精度地震探测基础上的层序地层学研究.地球科学(中国地质大学学报),27(5):592-598.

梁建设,王琪,郝乐伟等.2011.成岩相分析方法在南海北部深水区储层预测的应用:以珠江口盆地白云凹陷为例.沉积学报,29(3):503-511.

林畅松,潘元林,肖建新,等.2000."构造坡折带":断陷盆地层序分析和油气预测的重要概念.地球科学(中国地质大学学报),25(3):260-266.

林畅松,郑和荣,任建业,等.2003.渤海湾盆地东营、沾化凹陷早第三纪同沉积断裂作用对沉积充填的控制.中国科学(D辑),33(11):1025-1036.

林畅松,刘景彦,胡博.2010.构造活动盆地沉积层序形成过程模拟:以断陷和前陆盆地为例.沉积学报,28(5):868-874.

林承焰,丁圣,李坚,等.2010.贝尔凹陷火山岩相类型及石油地质意义.西南石油大学学报,32(3):180-184.

刘豪,王英民,王媛,等.2004.大型拗陷湖盆坡折带的研究及其意义:以准噶尔盆地西北缘侏罗纪拗陷湖盆为例.沉积学报,22(1):95-102.

刘家铎,田景春,何建军,等.1999.近岸水下扇沉积微相及储层的控制因素研究:以沾化凹陷罗家鼻状构造沙四段为例.成都理工大学学报:自然科学版,26(4):365-369.

刘林玉.1998.碎屑岩储集层溶蚀型次生孔隙发育的影响因素分析.沉积学报,16(2):97-101.

刘钦甫,付正,候丽华,等.2008.海拉尔盆地贝尔凹陷兴安岭群储层黏土矿物组成及成因研究.矿物学报,28(1):43-47.

刘振彪,陈守田.1999.贝尔凹陷的形成机制及其油气分布规律.石油地球物理勘探,34(A00):109-112.

罗忠,罗平,张兴阳,等.2007.层序界面对砂岩成岩作用及储层质量的影响:以鄂尔多斯盆地延河露头上三叠统延长组为例.沉积学报,25(6):903-914.

罗孝俊,杨卫东,李荣西,等.2001.pH 值对长石溶解度及次生孔隙发育的影响.矿物岩石地球化学通报,20(2):103-107.

蒙启安,刘立,曲希玉,等.2010.贝尔凹陷与塔南凹陷下白垩统铜钵庙组南屯组油气储层特征及孔隙度控制作用.吉林大学学报:地球科学版,40(6):1232-1240.

孟万斌,吕正祥,刘家铎,等.2011.川西中侏罗统致密砂岩次生孔隙成因分析.岩石学报,27(8):2371-2380.

孟元林,高建军,刘德来,等.2006a.渤海湾盆地西部凹陷南段成岩相分析与优质储层预测.沉积学报,24(2):185-192.

孟元林,高建军,牛嘉玉,等.2006b.扇三角洲体系沉积微相对成岩的控制作用:以辽河拗陷西部凹陷南段扇三角洲沉积体系为例.石油勘探与开发,33(1):36-39.

牛海青,陈世悦,张鹏,等.2010.准噶尔盆地乌夏地区二叠系碎屑岩储层成岩作用与孔隙演化.中南大学学报:自然科学版,(2):749-758.

彭仕宓,黄述旺.1998.油藏开发地质学.北京:石油工业出版社:61-62.

祁利祺,鲍志东,鲜本忠,等.2009.准噶尔盆地西北缘构造变换带及其对中生界沉积的控制.新疆石油地质,30(1):29-32.

秦雁群,邓宏文,侯秀林,等.2011a.乌尔逊凹陷下白垩统层序地层研究.沉积学报,29(6):1130-1137.

秦雁群,邓宏文,侯秀林,等.2011b.海拉尔盆地乌尔逊凹陷北部高分辨率层序地层与储层预测.石油与天然气地质,32(2):214-221.

裘亦楠.1992.中国陆相碎屑岩储层沉积学的进展.沉积学报,10(3):16-24.

渠永宏,廖远慧,赵利华,等.2006.高分辨率层序地层学在断陷盆地中的应用:以海拉尔盆地贝尔断陷为例.石油学报,27(z1):31-37.

任建业,陆永潮,张青林.2004.断陷盆地构造坡折带形成机制及其对层序发育样式的控制.地球科学(中国地质大学学报),29(5):596-602.

单敬福,王峰,孙海雷,等.2010a.蒙古国境内贝尔湖凹陷早白垩世沉积充填演化与同沉积断裂的响应.吉林大学学报:地球科学版,40(3):509-518.

单敬福,王峰,孙海雷,等.2010b.同沉积构造组合模式下的沉积层序特征及其演化:以东蒙古塔贝尔凹陷为例.地质论评,56(3):426-439.

盛和宜.1993.粒度分析在扇三角洲分类中的应用.石油实验地质,15(2):185-191.

寿建峰.1999.碎屑岩储层控制因素及钻前定量地质预测.海相油气地质,4(1):20-24.

寿建峰,斯春松,朱国华,等.2001.塔里木盆地库车拗陷下侏罗统砂岩储层性质的控制因素.地质论评,47(3):272-277.

寿建峰,朱国华,张惠良.2003.构造侧向挤压与砂岩成岩压实作用:以塔里木盆地为例.沉积学报,21(1):90-95.

隋风贵,操应长,刘惠民,等.2010.东营凹陷北带东部古近系近岸水下扇储集物性演化及其油气成藏模式.地质学报,84(2):246-256.

孙萍,罗平,阳正熙,等.2009.基准面旋回对砂岩成岩作用的控制:以鄂尔多斯盆地西南缘沕水河延长组露头为例. 岩石矿物学杂志,28(2):179-184.

田景春,付东钧.2001.近岸水下扇砂砾岩体的储集性研究:以胜利油区沾化凹陷埕 913-埕 916 井区沙三段为例. 成都理工学院学报,28(4):366-370.

王宏语,樊太亮,肖莹莹,等.2010.凝灰质成分对砂岩储集性能的影响. 石油学报,31(3):432-439.

王建民.2007.顺宁油田长 2～1 低渗砂岩储集层非均质性特征及其开发意义. 石油勘探与开发,34(2):170-174.

王建伟,鲍志东,陈孟晋,等.2005.砂岩中的凝灰质填隙物分异特征及其对油气储集空间影响:以鄂尔多斯盆地西北部二叠系为例. 地质科学,40(3):429-438.

王显东,贾承造,蒙启安,等.2011.塔南断陷陡坡带南屯组岩性油藏形成与分布的主控因素. 石油学报,32(4):564-572.

王友净,林承焰,董春梅,等.2007.乐安油田草 4 块沙四段储层沉积特征与非均质性研究. 中国石油大学学报:自然科学版,31(3):7-12.

王振奇,张昌民,张尚锋,等.2002.油气储层的层次划分和对比技术. 石油与天然气地质,23(1):20-25.

魏魁生,徐怀大.1993.华北典型箕状断陷盆地层序地层学模式及其与油气赋存关系. 地球科学(中国地质大学学报),18(2):139-149.

吴因业,罗平.1998.西北侏罗纪盆地沉积层序演化与储层特征. 地质论评,44(1):90-99.

徐怀大.1997.陆相层序地层学研究中的某些问题. 石油与天然气地质,18(2):83-89.

鄢继华,陈世悦,程立华,等.2009.湖平面变化对扇三角洲发育影响的模拟试验. 中国石油大学学报:自然科学版,33(6):1-4.

鄢继华,陈世悦,姜在兴.2005.东营凹陷北部陡坡带近岸水下扇沉积特征. 石油大学学报:自然科学版,29(1):12-16.

严科,杨少春,任怀强.2008.储层宏观非均质性定量表征研究. 石油学报,29(6):870-874.

杨华,杨奕华,石小虎,等.2007.鄂尔多斯盆地周缘晚古生代火山活动对盆内砂岩储层的影响. 沉积学报,25(4):526-534.

杨婷,金振奎,张雷,等.2011.海拉尔盆地贝尔凹陷贝西地区南屯组层序地层特征. 吉林大学学报:地球科学版,41(3):629-638.

杨晓宁,陈洪德,寿建峰,等.2004.碎屑岩次生孔隙形成机制. 大庆石油学院学报,28(1):4-6.

杨晓萍,赵文智,邹才能,等.2007.低渗透储层成因机理及优质储层形成与分布. 石油学报,28(4):57-61.

尹太举,张昌民,李中超,等.2003a.濮城油田沙三中层序格架内储层非均质性研究. 石油学报,24(5):74-78.

尹太举,张昌民,毛立华,等.2003b.基准面旋回格架内砂体开发响应. 自然科学进展,13(5):549-553.

于炳松,赖兴运.2006.克拉 2 气田储集岩中方解石胶结物的溶解及其对次生孔隙的贡献.矿物岩石,26(2):74-79.

于兴河.2008.碎屑岩系油气储层沉积学.北京:石油工业出版社:104-172.

张弛,吴朝东,谢利华,等.2012.松辽盆地东岭地区早白垩世小型断陷的充填特征与演化过程.北京大学学报:自然科学版,48(2):253-261.

张辉.2010.蒙古国塔南凹陷近岸水下扇沉积特征及控制因素.中国西部科技,09(6):39-41.

张春生,刘忠保.2000.扇三角洲形成过程及演变规律.沉积学报,18(4):521-526.

张尚锋,洪秀娥,郑荣才,等.2002.应用高分辨率层序地层学对储层流动单元层次性进行分析:以泌阳凹陷双河油田为例.成都理工学院学报,29(2):147-151.

张胜斌,王琪,李小燕,等.2009.川中南河包场须家河组砂岩沉积-成岩作用.石油学报,30(2):225-231.

张世奇,纪友亮.1996.陆相断陷湖盆层序地层学模式探讨.石油勘探与开发,23(5):20-23.

张世奇,纪友亮.2001.陆相断陷湖盆中可容空间变化特征探讨.矿物岩石,21(2):34-37.

张云峰,冯亚琴.2011.古大气水淋滤对贝中次凹南屯组一段储层物性的影响.科学技术与工程,11(10):2162-2164.

张增政.2010.海拉尔盆地苏31断块南屯组二段基准面旋回与沉积特征关系.天然气地球科学,(5):793-800.

赵俊青,纪友亮,夏斌,等.2005.近岸水下扇沉积体系高精度层序地层学研究.沉积学报,23(3):490-497.

赵文智,汪泽成,陈孟晋,等.2005.鄂尔多斯盆地上古生界天然气优质储层形成机理探讨.地质学报,79(6):833.

赵贤正,卢学军,崔周旗,等.2012.断陷盆地斜坡带精细层序地层研究与勘探成效.地学前缘,19(1):10-19.

郑浚茂,应凤祥.1997.煤系地层(酸性水介质)的砂岩储层特征及成岩模式.石油学报,18(4):19-24.

郑荣才,尹世民.2000.基准面旋回结构与叠加样式的沉积动力学分析.沉积学报,18(3):369-375.

郑荣才,彭军,吴朝荣.2001.陆相盆地基准面旋回的级次划分和研究意义.沉积学报,19(2):249-255.

朱平,王成善.1995.海拉尔盆地碎屑储集岩成岩变化与孔隙演化关系.矿物岩石,15(2):41-46.

Coombs D S,王立本.2001.关于沸石类矿物命名法的建议(Ⅰ).矿物岩石地球化学通报,20(3):149-155.

Aitken J F, Howell J A. 1996. High resolution sequence stratigraphy: innovations, applications and future prospects. Geological Society, 104(1):1-9.

Catuneanu O, Abreu V, Bhattacharya J P, et al. 2009. Towards the standardization of sequence stratigraphy. Earth-Science Reviews，92(1)：1-33.

Coombs D S，Ellis A J，Fyfe W S，et al. 1959. The zeolite facies，with comments on the interpretation of hydrothermal syntheses. Geochimica et Cosmochimica Acta，17 (1/2)：53-107.

Cross T A，Baker M R，Chapin M A，et al. 1994. Application of high resolution sequence stratigraphy to reservoir analysis. Eschard R，doliges B. Subsurface reservoir characterization from outcrop observation. Paris：Editons Technip：11-33.

Cross T A，Lessenger M A. 1996. Sediment volume partitioning：rationale for stratigrapic modle evaluation and high-resolution stratigraphic correlaton. Accepted for Publication in Norwegian Petroleums-Forening Conference Volume：1-24.

Galloway W E. 1989. Genetic stratigraphyic sequence in basin analysis I：architecture and genetics of flooding surface bounded depositional units. AAPG Bulletin，73(1)：125-142.

Galloway W E. 1998. Siliciclastic slope and base-of-slope depositional systems：component facies，stratigraphic architecture，and classification. AAPG，82(4)：635-665.

Gawthorpe R L，Jackson C A L，Young M J，et al. 2003. Normal fault growth，displacement localisation and the evolution of normal fault populations：the Hammam Faraun fault block，Suez rift，Egypt. Journal of Structural Geology，25(6)：883-895.

Hesselbo S P，Parkinson D N. 1996. Sequence stratigraphy in British geology. Geological Society，103(1)：1-7.

Jackson C A L，Gawthorpe R L，Sharp I R，et al. 2005. Normal faulting as a control on the stratigraphic development of shallow marine syn-rift sequence：the Nukhul and lower Rudeis formations，Hammam Faraun fault block，Suez rift，Egypt. Sedimentology，52(2)：313-338.

Lemons D R. 1999. Facies architecture and sequence stratigraphy of fine-grained lacustrine deltas along the eastern margin of late Pleistocene Lake Bonneville，northern Utah and southern Idaho. AAPG，83(4)：246-312.

Miall A D. 1991. Stratigraphic sequences and their chronostratigraphic correlation. Journal of Sedimentary Petrogy，61(4)：497-506.

Plint A G，McCarthy P J，Faccini U F. 2001. Nonmarine sequence stratigraphy：updip expression of sequence boundaries and systems tracts in a high-resolution framework，Cenomanian Dunvegan formation，Alberta foreland basin，Canada. AAPG Bulletin，85(11)：1967-2001.

Salem A M，Morad S，Mato L F，et al. 2000. Diagenesis and reservoir-quality evolution of fluvial sandstones during progressive burial and uplift：evidence from the upper jurassic Boipeba member，Reconcavo basin，northeastern Brazil. AAPG Bulletin，84 (7)：1015-1040.

Sloss L L. 1963. Sequences in the cratonic interior of North Amercan. Geological Society of American Bulletin，74(2)：93-114.

Surdarm R C，Boese S W，Crossey L J. 1984. The chemistry of secondary porosity. AAPG Memoir，37(2)：127-149.

Vail P R，Mitchm R M J，Thomposon S H. 1977. Seismic stratigraphy and global changes of sea level，Part4//Pation C E. Seismic stratigraphy applications to hydrocarbon exploration. American Association of Petroleum Geologists Memoir，2 (26)：26-98.

van Wagoner J C，Mitchum R M，Campion K M，et al. 1990. Siliciclastic sequence stratigraphy in well，cores and outcrops：concept for high-resolution correlation of times and faies. AAPG Methods in Exploration Series，1(7)：1-55.

Wilkinson M，Darby D，Haszeldine R S，et al. 1997. Secondary porosity generation during deep burial assocdated with overpressure leak-off：Fulmar Formation，UK Central Graben. AAPG Bulletin，81(5)：803-812

Zecchin M，Baradello L，Brancolini G，et al. 2008. Sequence stratigraphy based on high-resolution seismic profiles in the late Pleistocene and Holocene deposits of the Venice Area. Marine Geology，253(3/4)：195-198.

附　　录

附录 A　碎屑组分（1）

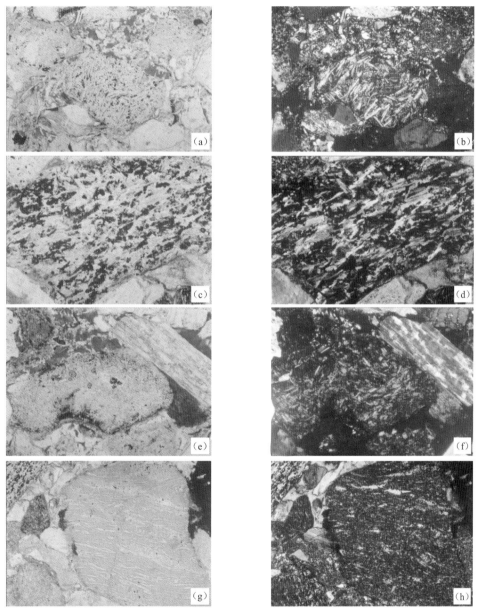

（a）和（b）希 3 井，2 406.10 m，SQn$_1^1$，安山岩岩屑，单偏光（a），正交偏光（b），×100；（c）和（d）希 7 井，2 532.11 m，SQn$_1^1$，安山岩岩屑，间粒结构，单偏光（c），正交偏光（d），×100；（e）和（f）希 3 井，2 406.10 m，SQn$_1^1$，安山岩岩屑，交织结构，条纹长石，单偏光（e），正交偏光（f），×100；（g）和（h）希 7 井，2 531.11 m，SQn$_1^1$，流纹岩岩屑，粒间部分为方解石充填，部分为未充填粒间孔单偏光（g），正交偏光（h），×40

附录 B 碎屑组分（2）

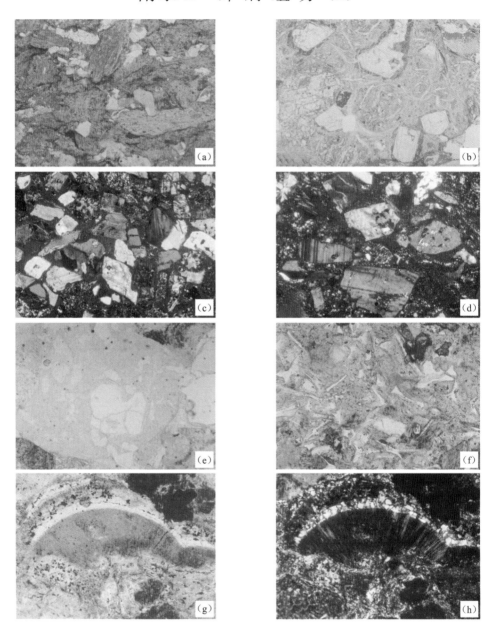

(a)希 56-44 井,2 656.13 m,SQn$_1^4$,塑性浆屑,单偏光,×40;(b)希 3 井,2 423.40 m,SQn$_1^4$,流纹岩岩屑,石英斑晶,基质去玻化具球粒结构,单偏光,×40;(c)希 7 井,2 527.82 m,SQn$_1^4$,长石高温熔蚀,粒间火山尘,正交偏光,×100;(d)希 3 井,2 404.84 m,SQn$_1^4$,斜长石和钾长石,正交偏光,×40;(e)希 7 井,2 528.08 m,SQn$_1^4$,流纹岩岩屑,石英斑晶熔蚀,基质去玻化呈霏细结构,单偏光,×40;(f)希 3 井,2 408.83 m,SQn$_1^4$,弧面棱角状玻屑和火山尘,少量晶屑,正交偏光,×100;(g)和(h)希 7 井,2 530.36 m,SQn$_1^4$,流纹岩岩屑中放射状球粒,单偏光(g),正交偏光(h),×40

附录 C　储 集 空 间（1）

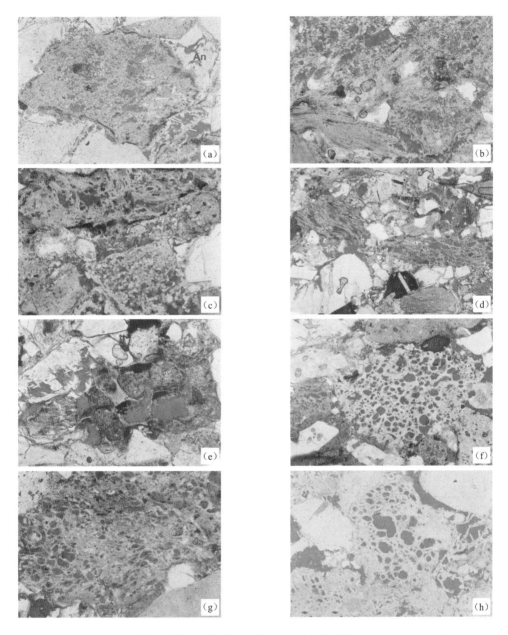

(a)希 3 井,2 405.73 m,SQn$_1^4$,凝灰岩岩屑内溶孔,粒间方沸石(An)内溶孔,单偏光,×100;(b)希 3 井,2 409.71 m,
SQn$_1^4$,岩屑溶孔,单偏光,×100;(c)希 3 井,2 414.71 m,SQn$_1^4$,岩屑内溶孔,单偏光,×100;(d)希 3 井,2 416.38 m,
SQn$_1^4$,粒间孔,流纹岩岩屑内气孔发育,单偏光,×100;(e)希 3 井,2 416.89 m,长石、岩屑内溶孔及铸模孔,单偏光,
×100;(f)希 3 井,2 417.38 m,SQn$_1^4$,塑性浆屑内气孔,单偏光,×100;(g)希 3 井,2 417.90 m,SQn$_1^4$,塑性火山岩屑内
气孔,也有溶蚀,单偏光,×100;(h)希 3 井,2 417.90 m,SQn$_1^4$,塑性火山岩屑内气孔,也有溶蚀,单偏光,×100

附录 D   储 集 空 间（2）

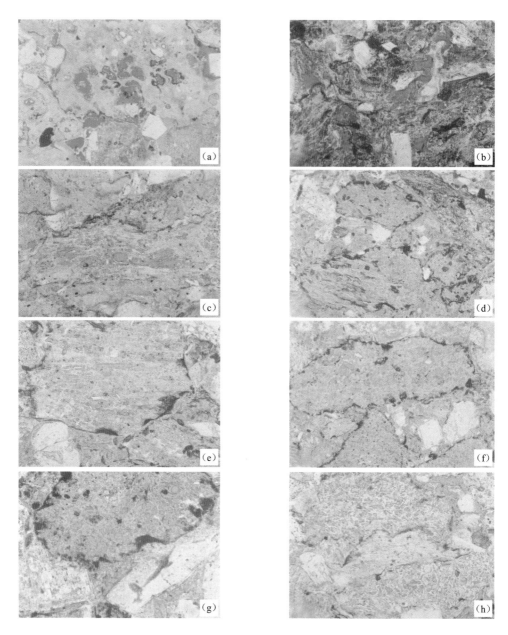

(a)希 3 井,2 421.90 m,SQn$_1^4$,凝灰岩岩屑溶孔,单偏光,×40;(b)希 56-44 井,2 659.90 m,SQn$_1^4$,塑性岩屑溶孔,单偏光,×100;(c)希 55-51 井,2 522.88 m,SQn$_1^4$,火岩岩屑内溶孔,单偏光,×100;(d)希 55-51 井,2 524.02 m,SQn$_1^4$,火岩岩屑内溶孔,单偏光,×100;(e)希 55-51 井,2 524.02 m,SQn$_1^4$,火岩岩屑内溶孔,单偏光,×100;(f)希 55-51 井,2 524.42 m,SQn$_1^4$,火岩岩屑内溶孔,单偏光,×40;(g)希 55-51 井,2 524.68 m,SQn$_1^4$,火岩岩屑内溶孔,单偏光,×100;(h)希 55-51 井,2 525.02 m,SQn$_1^4$,火岩岩屑内溶孔,单偏光,×100

附录 E　胶　结　作　用

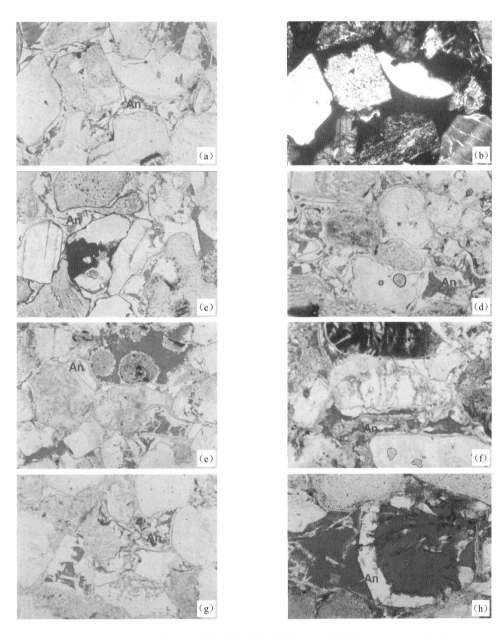

(a)和(b)希 3 井,2 405.73 m,粒间方沸石(An)充填,并有溶孔,单偏光(a),正交偏光(b),×100;(c)希 3 井,2 405.73 m,粒缘绿泥石膜,粒间方沸石(An)充填,见溶蚀,形成沸石内溶孔,单偏光,×100;(d)希 3 井,2 411.91 m,粒间孔方沸石(An)充填,并部分溶蚀,单偏光,×40;(e)希 3 井,2 411.91 m,粒间孔方沸石(An)充填,并部分溶蚀,单偏光,×40;(f)希 3 井,2 413.98 m,粒间被方沸石(An)充填,并部分溶解形成溶孔,单偏光,×100;(g)希 3 井,2 413.98 m,,粒间被方沸石(An)充填,并部分溶解形成溶孔,单偏光,×100;(h)希 3 井,2 417.90 m,,方沸石(An)溶蚀残余及孔隙(P),单偏光,×100

附录F 扫描电镜（1）

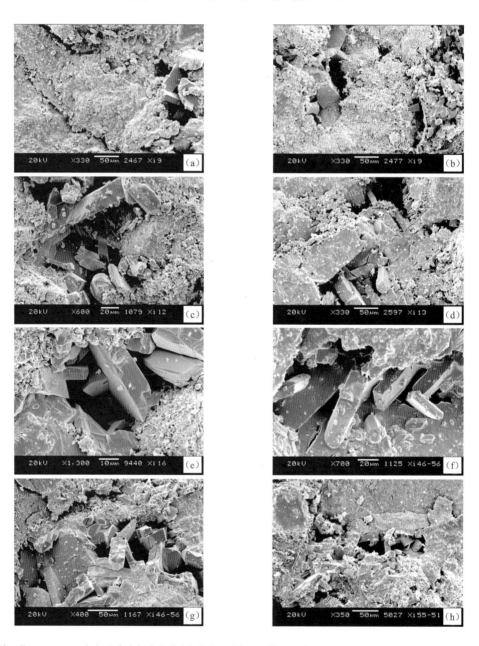

（a）希9井，2 633.76 m，灰色砂质砾岩，粒间孔中板状自生钠长石晶体；（b）希9井，2 639.29 m，灰色粗砂岩，粒间孔中板状自生钠长石晶体；（c）希12井，2 855.59 m，浅灰色含砾砂岩，粒间孔中板状自生钠长石晶体；（d）希13井，2 485.09 m，棕灰色油斑粉砂岩，粒间孔中板状自生钠长石晶体；（e）希16井，2 482.31 m，灰色细砂岩，粒间孔中板状自生钠长石晶体；（f）希46-56井，2 813.08 m，灰色泥质粉砂岩，粒间孔中板状自生钠长石晶体；（g）希46-56井，2 818.68 m，棕褐色油浸细砂岩，粒间孔中板状自生钠长石晶体；（h）希55-51井，2 517.55 m，棕灰色油斑粉砂岩，粒间孔中板状自生钠长石晶体

附录G　扫描电镜（2）

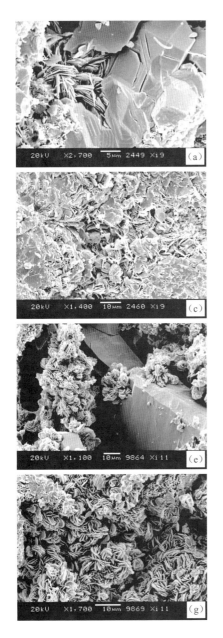
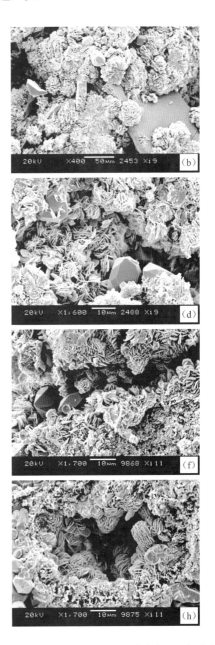

（a）希9井，2 624.93 m，灰色粗砂岩，卷心菜状绿泥石和自生石英共生；（b）希9井，2 627.45 m，棕灰色油斑粗砂岩，绒球状绿泥石和自生板状钠长石共生；（c）希9井，2 630.36 m，灰色粗砂岩，叶片状绿泥石及少量丝状伊利石；（d）希9井，2 644.66 m，灰色粗砂岩，绒球状绿泥石和自生石英共生；（e）希11井，2 333.68 m，灰色粉砂岩，绒球状绿泥石在自生石英晶体上生长；（f）希11井，2 335.32 m，灰色粗砂岩，绒球状绿泥石和自生石英共生；（g）希11井，2 335.32 m，灰色粗砂岩，卷心菜状绿泥石；（h）希11井，2 336.61 m，灰色砂质砾岩，绒球状绿泥石及残余的孔隙

附录 H　扫描电镜（3）

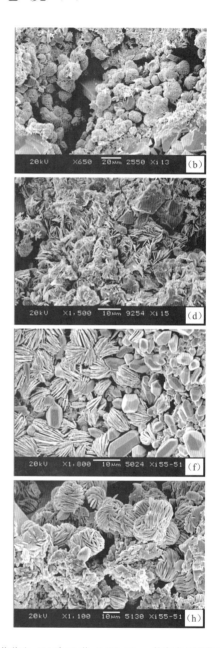

（a）希 11 井，2 338.40 m，灰色砂质砾岩，绒球状绿泥石和自生石英共生；（b）希 13 井，2 477.01 m，棕灰色油斑粉砂岩，绒球状绿泥石和自生石英共生；（c）希 13 井，2 489.76 m，灰棕色油浸粉砂岩，绒球状绿泥石和自生石英共生；（d）希 15 井，2 992.58 m，灰色砂质砾岩，绒球状绿泥石和自生石英共生；（e）希 46-56 井，2 811.53 m，灰棕色油斑粉砂岩，绒球状绿泥石；（f）希 55-51 井，2 517.33 m，灰棕色油浸中砂岩，绒球状绿泥石与自生石英共生；（g）希 55-51 井，2 523.69 m，灰棕色油浸粉砂岩，绒球状绿泥石；（h）希 55-51 井，2 526.70 m，灰棕色油迹泥质粉砂岩，绒球状绿泥石

附录 I　扫　描　电　镜(4)

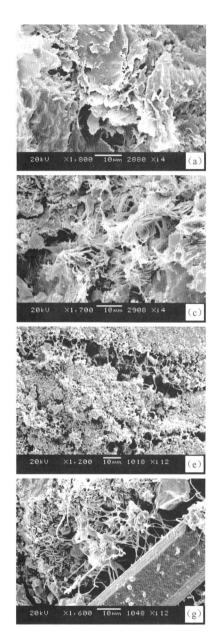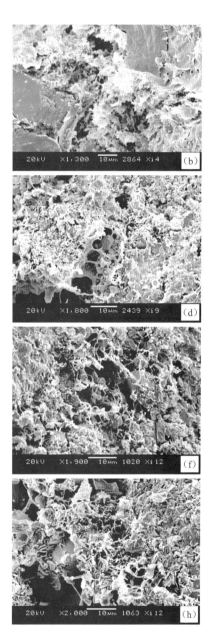

(a)希 4 井,2 451.04 m,K_1n_2,灰色粉砂岩,粒表伊利石;(b)希 4 井,2 444.78 m,灰色粉砂岩,粒间孔中伊利石充填;(c)希 4 井,2 579.90 m,棕灰色油浸砂质砾岩,粒间丝状伊利石;(d)希 9 井,2 621.23 m,灰色粉砂岩,粒间塔桥状伊利石;(e)希 12 井,2 848.13 m,浅灰色细砂岩,粒间塔桥状伊利石;(f)希 12 井,2 848.13 m,浅灰色细砂岩,孔隙中充填伊利石;(g)希 12 井,2 851.85 m,浅灰色含砾砂岩,粒间伊利石搭桥,颗粒表面贴附绿泥石;(h)希 12 井,2 853.40 m,灰色油迹细砂岩,粒间充填伊利石

附录 J 扫 描 电 镜（5）

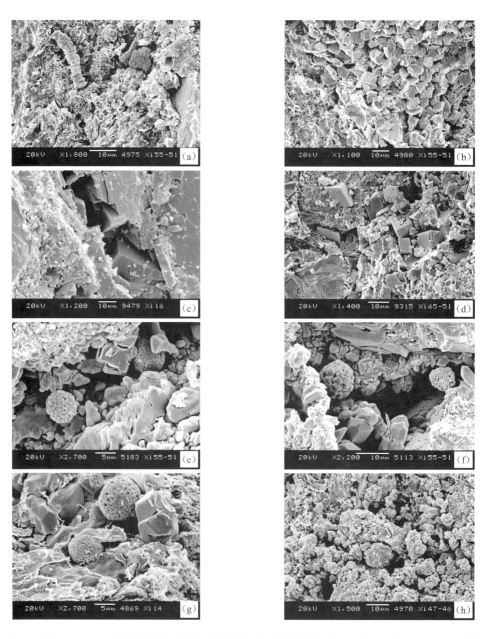

(a)希 55-51 井，2 282.40 m，棕灰色油斑砂质砾岩，粒表伊利石和蠕虫状高岭石；(b)希 55-51 井，2 282.91 m，棕灰色油斑砂质砾岩，孔隙中书页状高岭石；(c)希 16 井，2 795.75 m，SQn$_1^{3}$，灰色粉砂岩，孔中充填方解石；(d)希 65-51 井，2 603.11 m，灰色粉砂岩，自形方解石晶体；(e)希 55-51 井，2 530.53 m，灰棕色油浸粗砂岩，莓球状黄铁矿；(f)希 55-51 井，2 526.07 m，灰棕色油浸细砂岩，莓球状黄铁矿；(g)希 14 井，2 402.72 m，灰色砂砾岩，莓球状黄铁矿和自生石英共生；(h)希 47-46 井，2 603.20 m，棕灰色油斑粉砂岩，泥质团块